创意食雕

周炜彬 仇杏梅◎著

中国轻工业出版社

图书在版编目（CIP）数据

创意食雕 / 周炜彬，仇杏梅著. —北京：中国轻工业出版社，2023.10
ISBN 978-7-5184-4228-7

Ⅰ. ①创… Ⅱ. ①周… ②仇… Ⅲ. ①食品雕刻—中等专业学校—教材 Ⅳ. ① TS972.114

中国版本图书馆 CIP 数据核字（2022）第 255634 号

责任编辑：贺晓琴　　责任终审：高惠京　　整体设计：锋尚设计
策划编辑：史祖福　贺晓琴　　责任校对：朱燕春　　责任监印：张　可

出版发行：中国轻工业出版社（北京东长安街6号，邮编：100740）
印　　刷：艺堂印刷（天津）有限公司
经　　销：各地新华书店
版　　次：2023年10月第1版第1次印刷
开　　本：889 × 1194　1/16　印张：7.75
字　　数：178千字
书　　号：ISBN 978-7-5184-4228-7　定价：49.00元
邮购电话：010-65241695
发行电话：010-85119835　传真：85113293
网　　址：http://www.chlip.com.cn
Email：club@chlip.com.cn
如发现图书残缺请与我社邮购联系调换
221309J3X101ZBW

前言

近十多年来，餐桌上的菜肴多采用新鲜花草和各种果酱等意境式点缀。餐饮行业中食品雕刻对菜肴的点缀、美化作用不像以往那样，逢宴必雕。而2016中国杭州G20峰会、博鳌亚洲论坛、2022年北京冬季奥运会等高规格宴席，食品雕刻依然呈现在主宴席上。食品雕刻作为我们饮食文化的瑰宝，传承前辈精湛技艺，创新食品雕刻技艺，并把这门技艺广泛运用到创新创业中，是我们一直以来努力的方向。

《说文解字·刀部》："刻：镂也。从刀，亥声。"刻作为动词，意为用刀雕刻。中国在食品上加以雕刻，历史悠久，大约在春秋时期就已经有了。食品雕刻是艺术结晶的体现，也是中国五千年的文化长河中留下来的一朵奇葩。

一切皆可雕，可以采用各种烹饪原料如瓜果、蔬菜，雕刻成动物、植物、人物、花卉、建筑等各种图案与形态来美化菜肴、装点宴席，提升宴席档次，烘托宴席氛围。

一切皆可雕，可以采用豆腐，在水中展示雕刻技艺，以柔炼钢，雕刻成动物或植物造型，既能展示技艺又能增加生活情趣。

一切皆可雕，可以采用泡沫模拟食材雕刻，作品可以长期存放，可以着色，使得作品色彩绚丽多姿，可以广泛应用，如节日庆典、广告展览、婚庆布景、美食节展台、橱窗展示。

让我们一起走进创意食雕吧！

周炜彬　仇杏梅

2023年6月

目录

项目二

主题食品雕刻设计

走进创意食雕

小王是一位刚刚入学中等职业学校烹饪专业的学生。在初次接触食品雕刻课程时，对食品雕刻了解不够透彻，雕刻只是刻画花卉吗？除了萝卜等果蔬雕，豆腐是否可以雕刻？黄油雕、巧克力雕、糖雕、冰雕是不是采用相同的手法？采用什么样的材料才能更久地储存雕刻作品？

选择合适的原料雕刻合适的内容，装扮宴席或者体现美食展台的主题，是食品雕刻爱好者的追求。由此看来，小王同学需要学习的雕刻知识还有很多……

创意食雕采用三种类型的原料，一类是质地细密、坚实脆嫩、色泽纯正的根、茎、叶、瓜、果等果蔬（图 1）；一类是质地相对硬实的老豆腐（图 2）；还有一类是密度相对较高的泡沫（图 3）。

图 1　各种果蔬

《管子》一书中曾提到“雕卵”，可能是世界上最早的食品雕刻。其技后世沿之，直至今天。20 世纪 90 年代一直到 21 世纪初期，食品雕刻发展迅速，几乎每个星级酒店都有专门从事食品雕刻的技术人员。涌现众多食品雕刻工作室，有刘海波、周毅、孔令海、李顺才等雕刻师醉心研究雕刻技艺，将现代食雕技艺推到空前的高度。随着近些年中西方文化交融，越来越多的中餐装盘采用意境式点缀，耗时更长的食品雕刻逐渐淡出宴席餐桌。而西点烘焙中的艺术面包、巧克力雕、糖艺，却和中餐的食品雕刻有着异曲同工之妙。食品雕刻，这一中国传统技艺，逐渐淡出国人视线，却绽放于世界烹饪的舞台。

图 2　老豆腐

图 3　高密度泡沫

创意食雕究竟“创意”在哪里?

第一是采用各种自制刀具或者模具，这样能缩短雕刻时间，精雕细刻。图 4 是获得国家专利的自制弯刀，可将传统整雕花卉如荷花、牡丹花、玉兰花、杜鹃花改成零雕组装花卉。

图 4　获得国家专利的自制弯刀

第二是雕刻方法创新。以牡丹花为例，可以采用切雕、整雕、零雕三种雕刻方法。三种雕刻方法比较如表 1 所示。

表 1　三种雕刻方法比较

	切雕	整雕	零雕
方法对比	简单地讲，切雕就是切与雕配合使用的雕刻技法，是一种简单快速的雕刻方法	整雕也称为立体雕刻，采用一块原料完整地雕刻出一件作品	零雕又称为零雕组装、组合雕。零雕花卉是分别雕刻花瓣、花蕊等部位，通过粘接组装成完整花卉作品
三种雕法的牡丹花成品图			
优点	简单、成形速度快	工艺难度大，真实感强，是学习和提高食品雕刻技艺的关键	形态逼真、造型美观、色彩鲜艳
缺点	花卉层次在同一个平面	雕刻时间长，学习难度大	要具有较强的审美观，要学会发现美、欣赏美

以上得知，花卉雕刻如果采用整雕，每一朵花都需要较长时间的练习。如果采用零雕组装成形，需要提炼花卉花瓣的共同点，荷花花瓣、玉兰花花瓣、杜鹃花花瓣甚至牡丹花花瓣，均能找到花瓣的大体形状。学习其中一种，其他花卉只要改变花蕊部分就可以组装成形。图 5 至图 8 中花卉的花瓣采用的是整雕技法，图 9 至图 12 中花卉是零雕组装成形。会发现零雕的“花瓣”雕刻方法高度一致，容易学习。

以荷花为例，雕刻方法有两种，将原料修成半圆形坯料，一种是从外到内出三层花瓣；另一种是从内向外出三层花瓣，这两种都是整雕，出品的荷花如图 13 所示。整雕荷花对技能要求极高，耗时较长，不符合现代中餐餐饮业高效的出菜要求，无法满足就业岗位需求。采用自制刀具雕刻花瓣进行组装，或者采用切雕

图 5　一个花瓣成形的喇叭花

图 6　一个花瓣成形的马蹄莲

图 7　整雕荷花

图 8　整雕牡丹花

图 9　单层零雕组装白玉兰

图 10　单层零雕组装杜鹃花

图 11　零雕组装荷花

图 12　零雕组装牡丹花

方式切出花瓣进行组装，将传统的半圆形坯料改切规则的梯形坯料，更加容易掌握技艺，荷花更加形象生动，出品荷花如图 14 所示。这种方法更加贴合现代快速发展的烹饪行业。

第三是采用模拟食材——高密度泡沫。早些年泡沫雕刻只是用来雕刻成龙凤、仙女，用在美食节展台上布展，体现主题、烘托气氛。随着现代广场购物、婚庆布景、公司开业等实际需要，造型大、便于运输、易于安装和拆卸、低消耗的泡沫雕刻迅速被市场青睐。与新鲜食材不同，泡沫可以长期存放，安放在密闭的亚克力箱中；泡沫可以着色，色彩更加绚丽多彩；泡沫可以借助电动工具切割拼接成形，还可以采用精雕 3D 打印成形。真正实现只有想不到的，没有雕不出的。图 15 所示是模拟食材泡沫作品“恋”。

第四是采用豆腐进行雕刻。2019 年“一朵栩栩如生的豆腐花”亮相泰国王室，这是我们第一次将豆腐月季花呈现在国际美食舞台上。豆

图 13　整雕出品荷花

图 14　切雕出品荷花

图 15　模拟食材泡沫作品“恋”

腐的历史悠久，相传是在公元前 164 年，由汉高祖刘邦之孙——淮南王刘安所发明。在宋朝时传入朝鲜，19 世纪初才传入欧洲、非洲和北美。如今豆腐在越南、泰国、韩国、日本以及西方国家成为重要的食物之一。水中雕刻，对雕刻技艺要求极高，需要有极强的耐力和意志力，才能一遍又一遍地精细刻画作品。图 16 所示是“豆腐月季花”。

综上所述，创意食雕创在刀具、创在技法、创在材料、创在内容。

图 16　豆腐月季花

项目一

食品雕刻工艺实训

从花卉的结构来看，雕刻花卉最重要的两个部分，一个是花瓣；另一个是花蕊。20世纪80年代出现了相对简单的切雕花卉，比如四角花，用大刀切出四个花瓣，没有花蕊，几朵堆围在一起，好似绣球花，用于菜肴的点缀。到了20世纪90年代中后期，餐饮行业开始流行整雕花卉作为点缀物，如月季花、荷花。21世纪初，一些雕刻师傅把荷花花瓣和莲蓬分开雕刻，花瓣采用切片，再用手挤压水分，使得花瓣内凹把花瓣和花蕊分开雕刻，再将其粘连在莲蓬上，这样零雕组装的荷花，生动形象，制作也便捷许多。

花卉结构

由此，我们总结出花卉雕刻的三种技法，简称“三技”，即切雕技法、整雕技法和零雕技法。切雕技法，简单地讲，就是切与雕配合使用的雕刻技法，是一种简单快速的雕刻方法，适合初学者；整雕技法，又称立体雕刻，采用一块原料完整雕刻出一件作品，整雕技法工艺难度大、要求高，具有真实感和实用性强的特点；零雕技法，又称零雕组装，是分别雕刻花瓣、花蕊等部位，通过粘接组装成完整的花卉作品，零雕花卉作品形态逼真、造型灵活、色彩艳丽，艺术表现力强。对雕刻者要求很高，要具有较强的审美观，造型、色彩搭配需要合理。

将切雕、整雕、零雕三种技法进行总结，得出以下口诀：

花卉雕刻三技法，切雕整雕和零雕。
切雕花卉最容易，造型规则不够俏。
整雕花卉难度高，细心刻画立体雕。
创新零雕真正好，自制刀具运用巧。
美观节约又高效，雕刻花卉快又好。

为了快速雕刻出各种美丽的花卉，我们比较了月季花、牡丹花以及大多数花卉的花瓣，发现它们具有一定的相似之处，尝试在规整的图形下进行雕刻，并研制了弯刀，使得雕刻出来的花瓣自带凹度，无需用手挤压，一雕成形。并且，学会了自制刀具荷花雕刻，就能学会牡丹花雕刻。那么玉兰花、杜鹃花、梅花、玫瑰花、菊花等众多花卉的花瓣，都可以在荷花雕刻基础上进行学习。

任务一　花卉雕刻工艺实训

实训 1　切雕梅花

材　料： 心里美萝卜，青萝卜。

刀　具： 片刀，平面刻刀，中号 U 形戳刀，V 形戳刀。

黏合剂： 502 胶水。

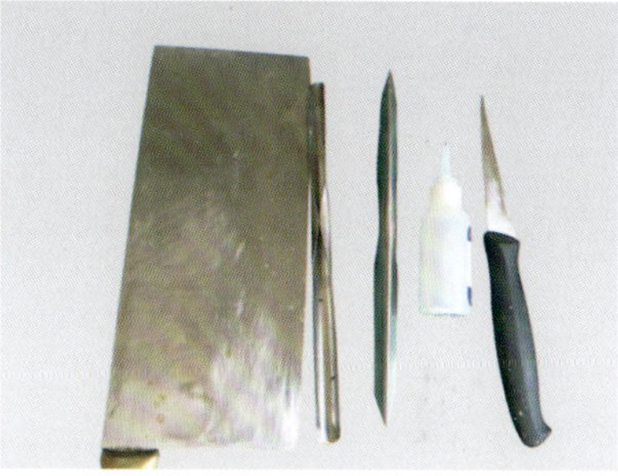

做法

1　取心里美萝卜，用中号 U 形戳刀旋刻（图①），刻出心里美圆柱体（图②）。

2　用片刀将心里美圆柱体切成 1～2 毫米厚的圆片（图③），泡在清水中备用（图④）。

3　取出青萝卜，用中号 U 形戳刀旋刻（图⑤），雕刻花蕊（图⑥）。

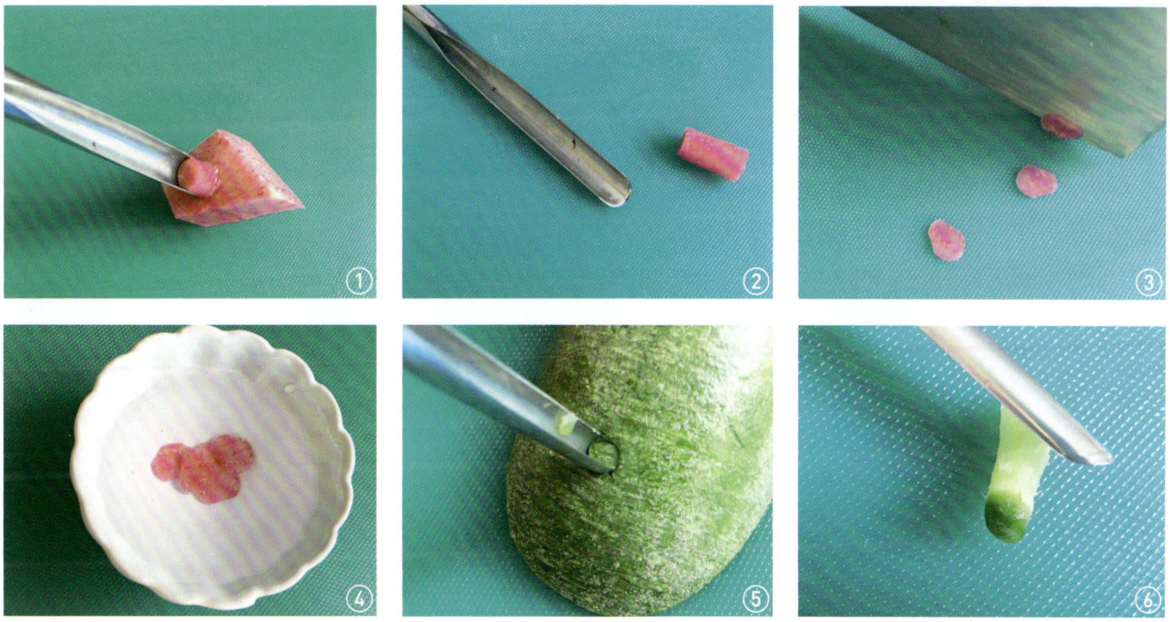

4　用平面刻刀在花蕊上刻出十字形（图⑦），用 V 形戳刀去除花蕊多余原料（图⑧）。

5　将泡水圆片用手指关节处按压，使花瓣内凹（图⑨）。

6　准备组装梅花（图⑩），用 502 胶水粘连（图⑪），得到梅花成品（图⑫）。

7　采用心里美萝卜雕刻底座，青萝卜雕刻梅花枝干，将梅花装在枝干上（图⑬）。

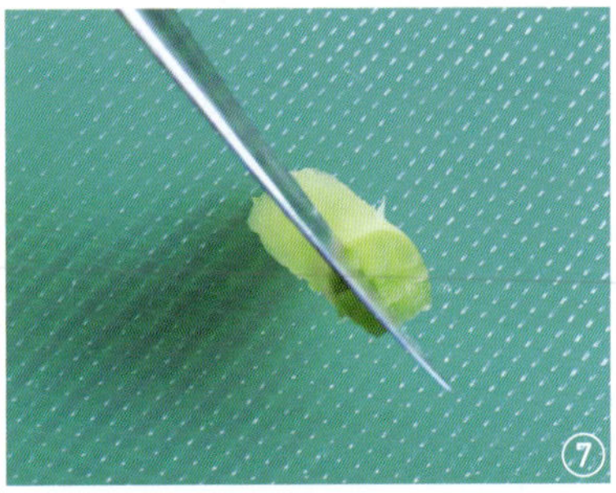
⑦

⑧

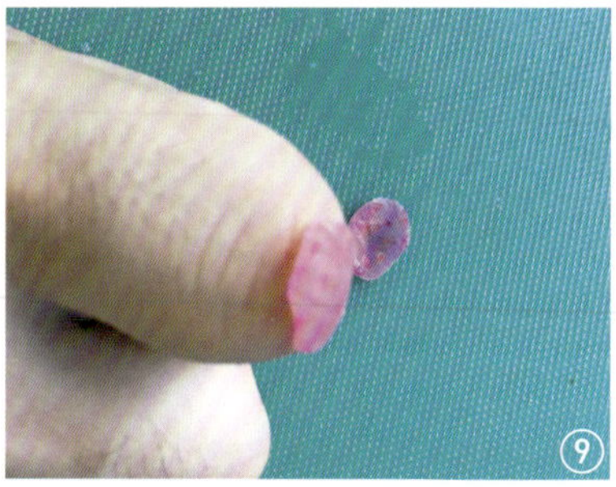
⑨

⑩

⑪

⑫

⑬

小妙招

片刀戳刀齐来雕，
两种萝卜配色巧。
小小梅花要学好，
持久耐力最重要。

梅花上胶

实训2 切雕马蹄莲

马蹄莲雕刻

材　料： 胡萝卜，青萝卜，白萝卜。

刀　具： 片刀，平面刻刀，U 形戳刀。

黏合剂： 502 胶水。

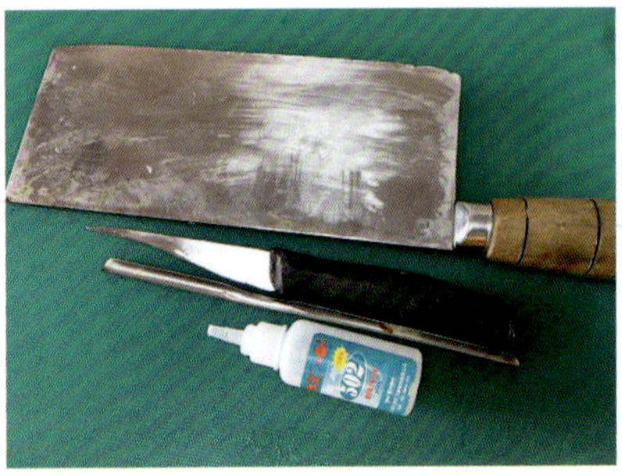

做法

1　取白萝卜，采用片刀切出 1 ~ 2 毫米厚的薄片（图①）。

2　采用平面刻刀划出寿桃形（图②）。

3　取胡萝卜，切成 3 ~ 5 毫米的厚片（图③）。

4　采用平面刻刀雕刻成花蕊（图④）。

5　用手指关节按压花瓣使之内凹（图⑤），组装花蕊（图⑥）。

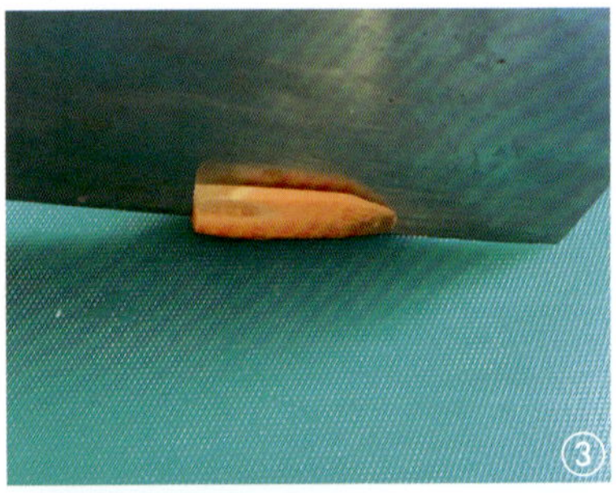

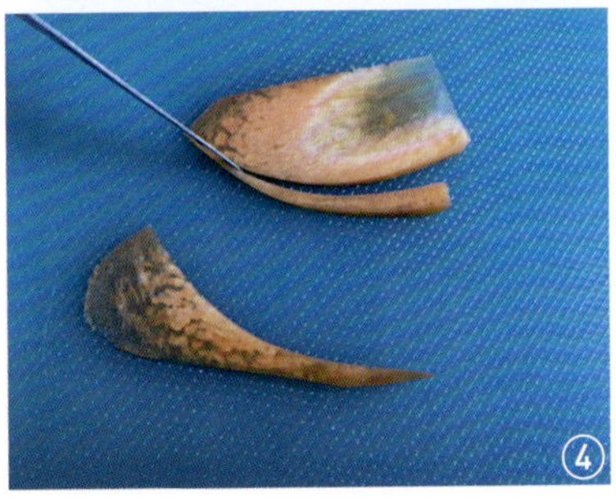

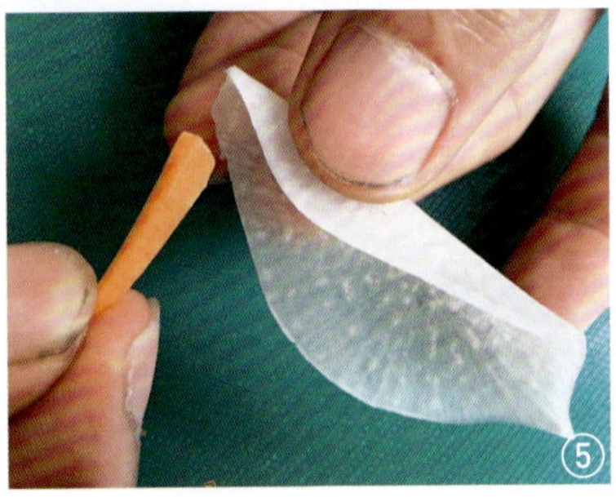

6 取胡萝卜，切出叶柄（图⑦），将马蹄莲花瓣和花蕊组装在叶柄上（图⑧）。

7 用片刀切出青萝卜皮，用平面刻刀划出绿叶（图⑨），将绿叶对半切开（图⑩）。

8 组装绿叶，用 502 胶水粘连（图⑪），得到马蹄莲成品（图⑫），将几朵马蹄莲组装在假山上，形成一件马蹄莲盘饰。

小妙招 片刀切出萝卜片，刻刀画出花蕊俏。
要想马蹄花瓣好，手指关节按压巧。

白色马蹄莲清雅而美丽，花语是“忠贞不渝，永结同心”，是欧美国家新娘捧花的常用花。马蹄莲以白色为主，现在颜色众多。有别于传统整雕马蹄莲，下面是采用大块切料雕刻而成的马蹄莲。

做法

1 用片刀斜 30 度切白萝卜（图①），直刀切出马蹄莲坯料（图②）。

2 取 7~8 厘米长的马蹄莲坯料（图③），用刻刀去除斜面边角（图④）。

3 用刻刀切除多余坯料（图⑤），刻画出斜面鸡心形（图⑥）。

4 用刻刀旋刻出花蕊（图⑦），去除花蕊废料（图⑧）。

5 用戳刀沿花边反面戳出凹槽（图⑨），用刻刀将其修整光滑（图⑩）。

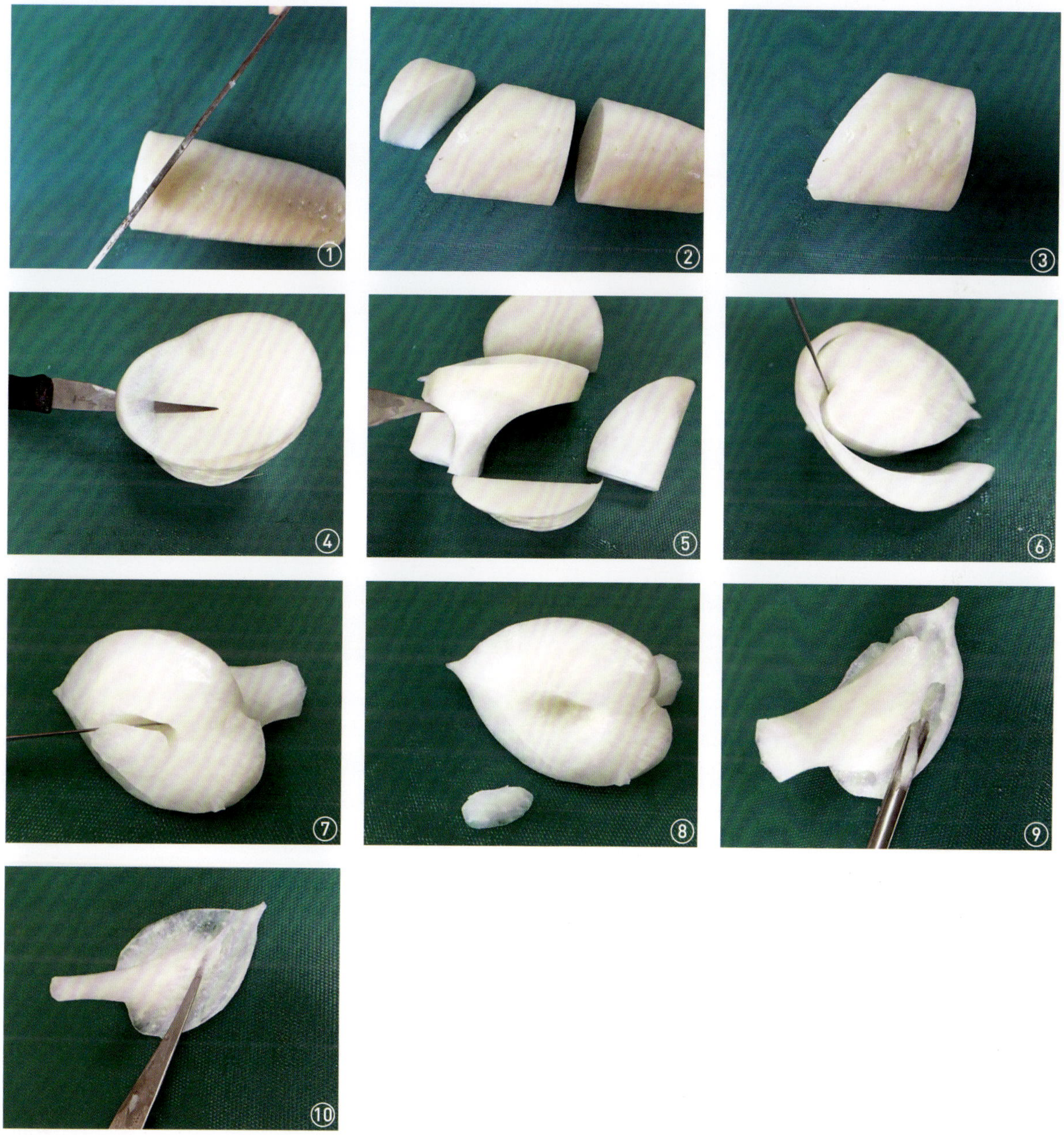

6 取胡萝卜，切成 2 毫米厚的片（图⑪），雕刻花蕊（图⑫和图⑬）。

7 将花蕊粘上 502 胶水（图⑭），得到大块切料雕刻而成的马蹄莲成品（图⑮）。

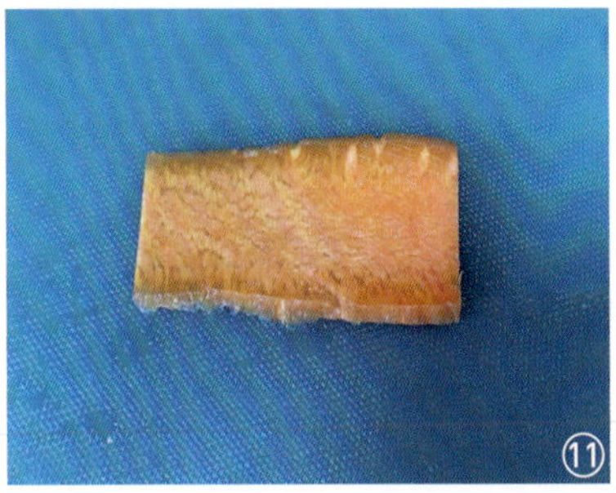

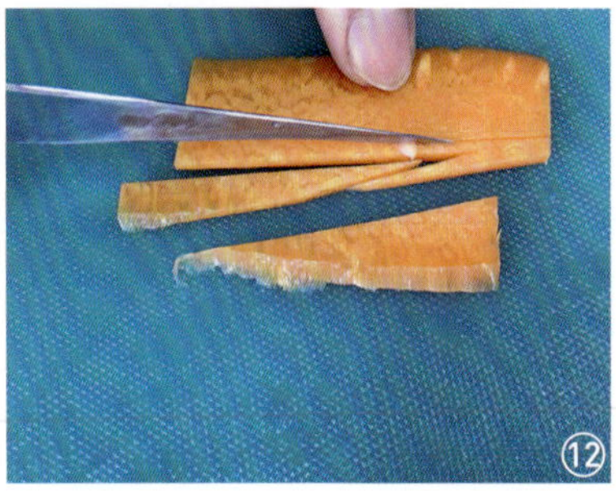

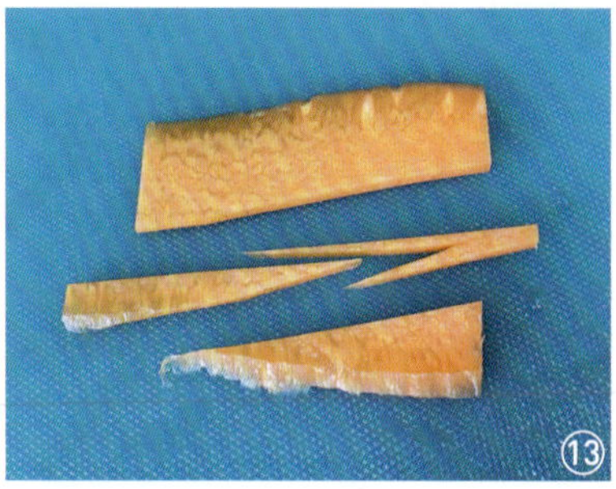

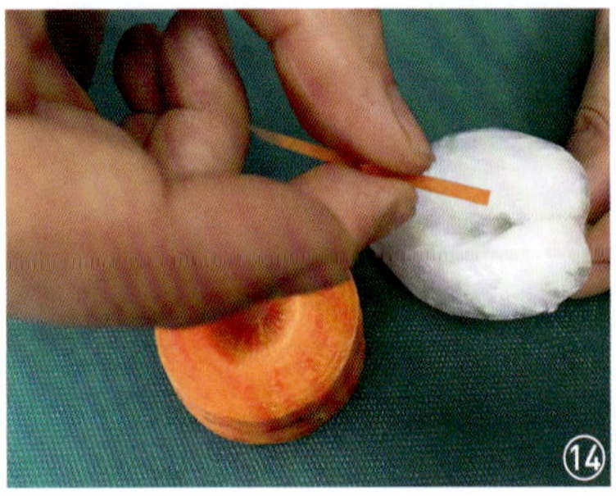

小妙招

永结同心马蹄莲，
斜刀下料两寸高。
从上俯视鸡心形，
花瓣外翻巧用刀。

根据上面马蹄莲大块切雕方式，还可雕刻整雕喇叭花。

马蹄莲变喇叭花

喇叭花雕刻

做法

1 将白萝卜切段，每段长 4～5 厘米（图①）。

2 采用平面刻刀沿白萝卜圆形转刻喇叭花口（图②）。

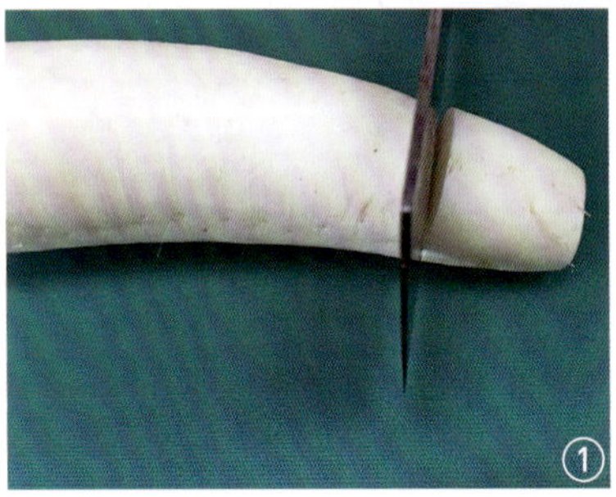

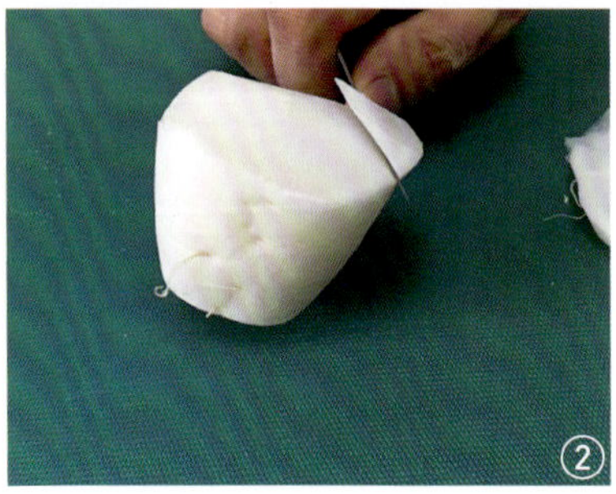

3 采用平面刻刀沿喇叭花口下端，去除多余原料（图③），修出喇叭花花瓣外形（图④）。

4 采用平面刻刀旋刻出喇叭花中间萝卜（图⑤）。

5 去除花蕊废料（图⑥），用戳刀沿花边反面戳出凹槽（图⑦），用刻刀将其修整光滑（图⑧）。

6 取胡萝卜，刻出花蕊（图⑨），准备组装胡萝卜花蕊和白色喇叭花花瓣（图⑩）。

7 将 502 胶水倒在胡萝卜凹槽中，将沾有 502 胶水的花蕊粘连在喇叭花花瓣中间（图⑪）。

8 得到喇叭花成品（图⑫）。

9 雕刻假山、小草、藤蔓等，完成创意喇叭花雕（图⑬和图⑭）。

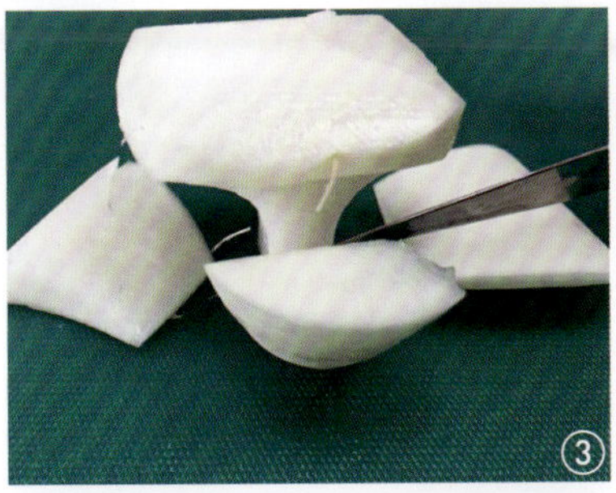

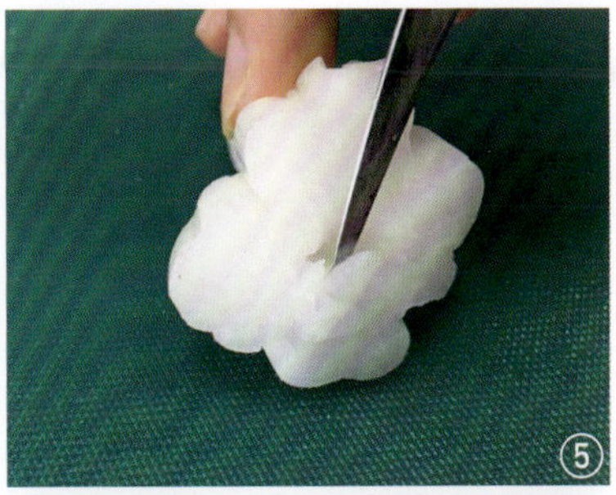

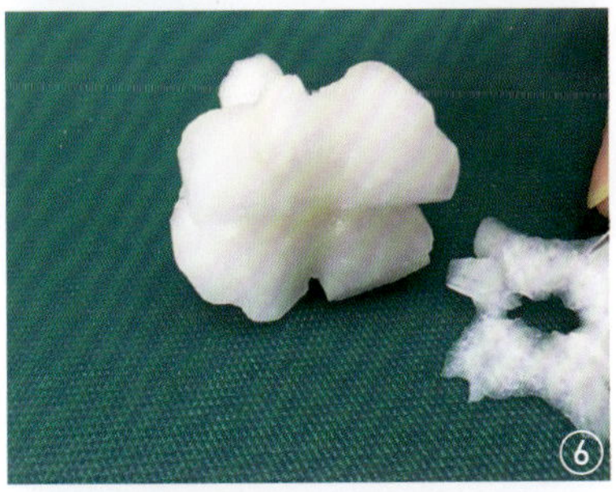

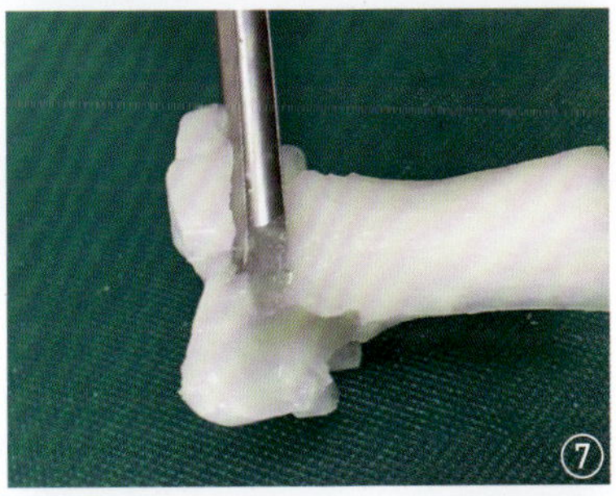

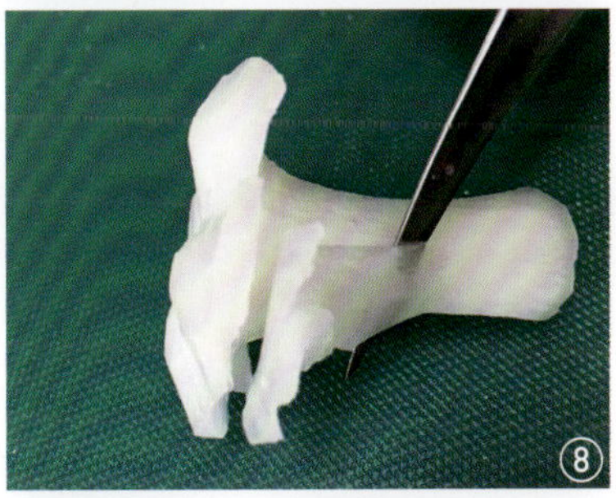

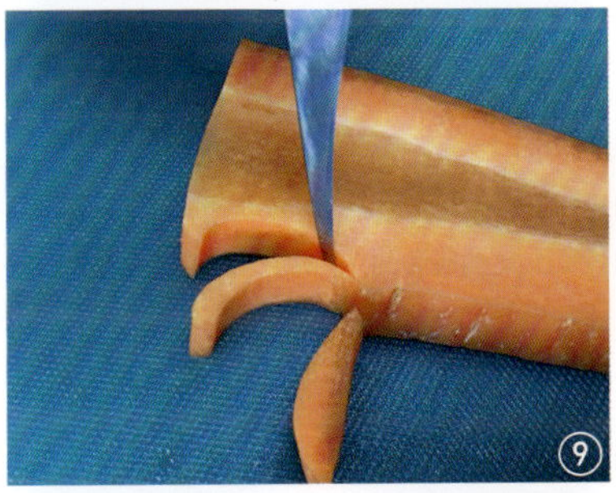

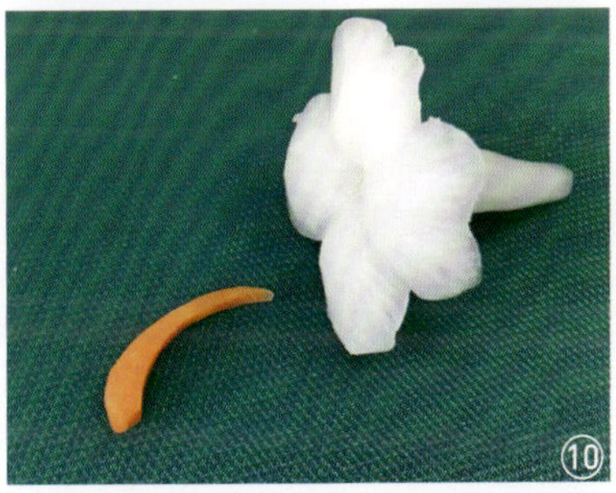

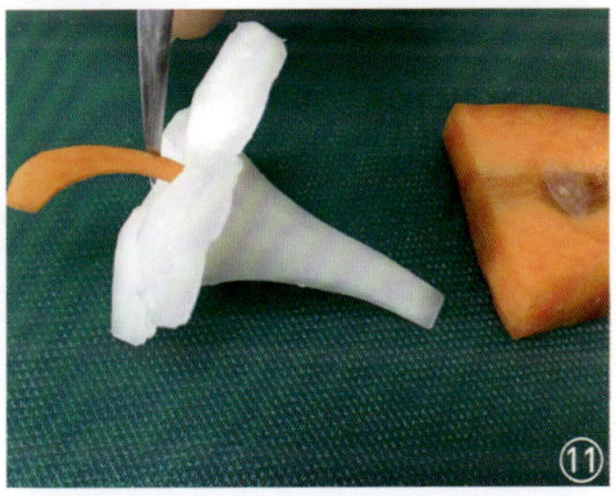

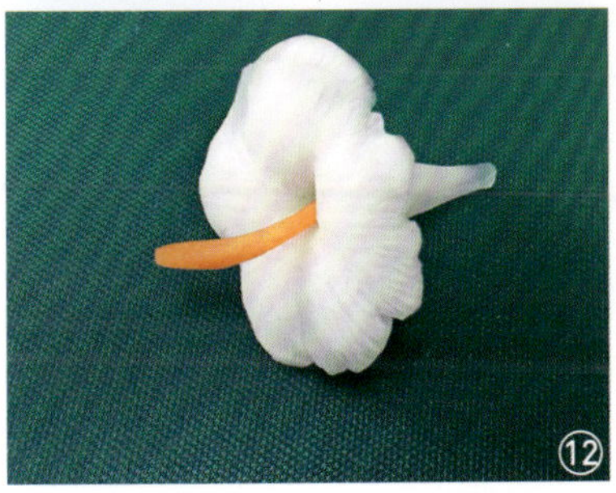

实训 3 零雕荷花

荷花动画　　荷花雕刻

材　料：胡萝卜，青萝卜，白萝卜。

刀　具：自制弯刀，片刀，平面刻刀，U 形戳刀。

黏合剂：502 胶水。

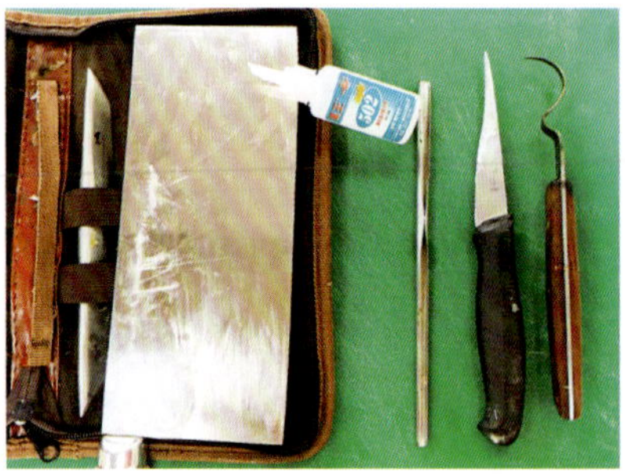

做法

1　将白萝卜改刀成 3～4 厘米的圆段，切出如图所示的原料（图①）

2　取出中间原料，放平后，切成大中小三个梯形（图②和图③）。

3　在梯形白萝卜的底边用 U 形戳刀挖出两个半圆形凹槽（图④）。

4　用平面刻刀沿凹槽部分修出荷花花瓣外形（图⑤）。

5　采用平面刻刀去除一层废料，使得花瓣坯料形成自然内凹弧度（图⑥）。

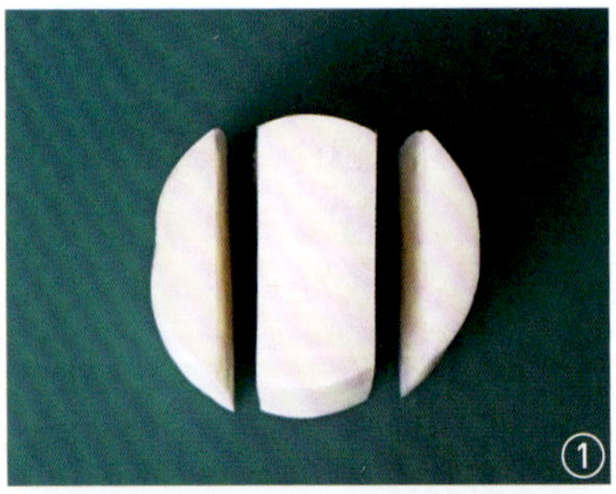

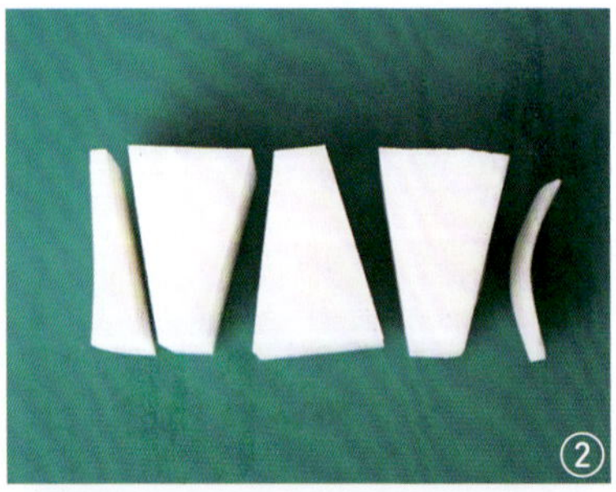

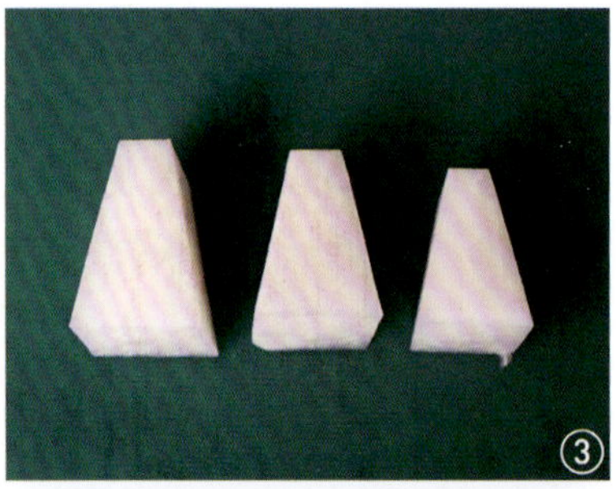

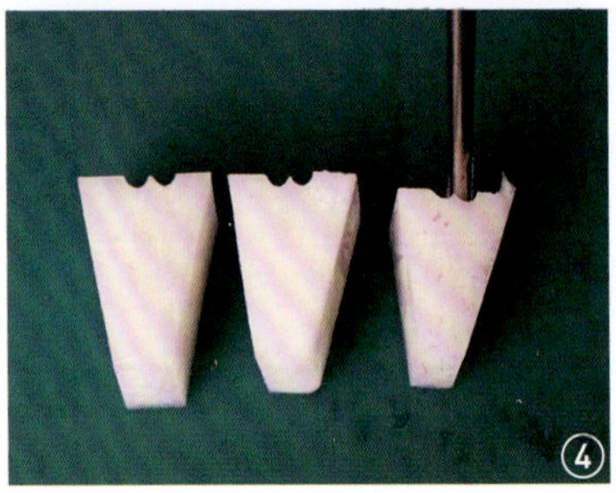

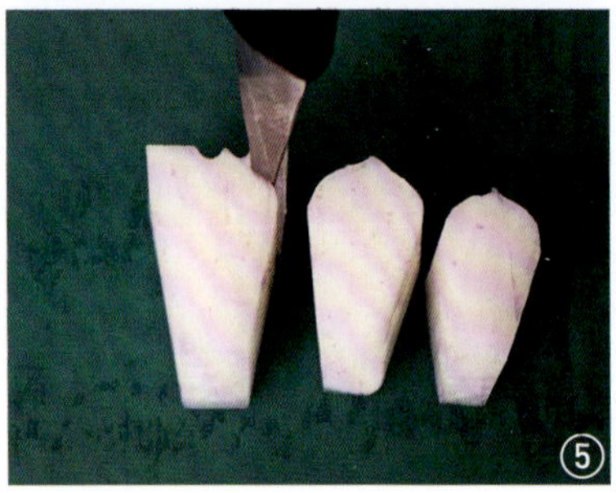

6　采用自制弯刀雕刻花瓣（图⑦和图⑧），依次刻出大中小三层花瓣，每层6瓣，花瓣底部略厚实（图⑨）。

7　将胡萝卜切成3~4厘米长的段（图⑩），采用U形戳刀去除中间多余原料，修出莲蓬外形，留出莲子的位置（图⑪至图⑬）。

8　取青萝卜外皮，采用U形戳刀旋刻出莲子，组装在胡萝卜莲蓬上（图⑭和图⑮）。

9　再取青萝卜外皮，用平面刻刀雕刻成细长不一致的花蕊（图⑯和图⑰）。

10　将粘上502胶水的绿色花蕊组装在莲蓬四周（图⑱）。

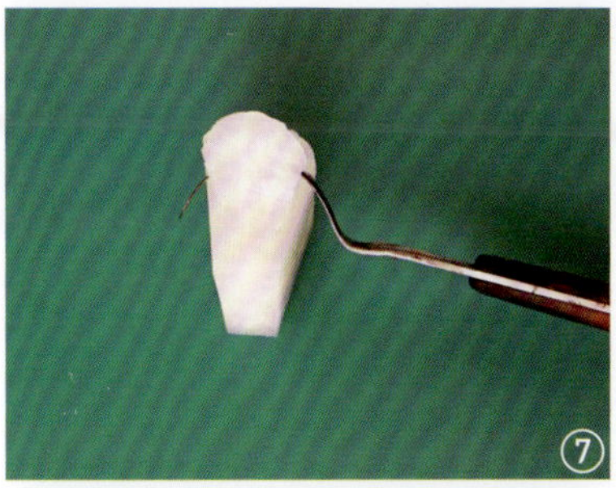
⑦

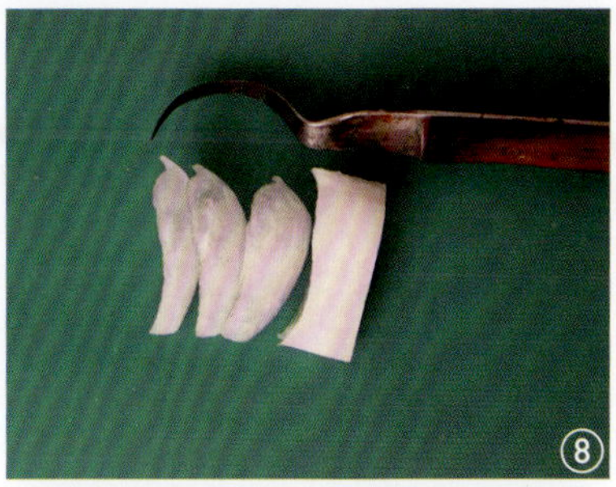
⑧

⑨

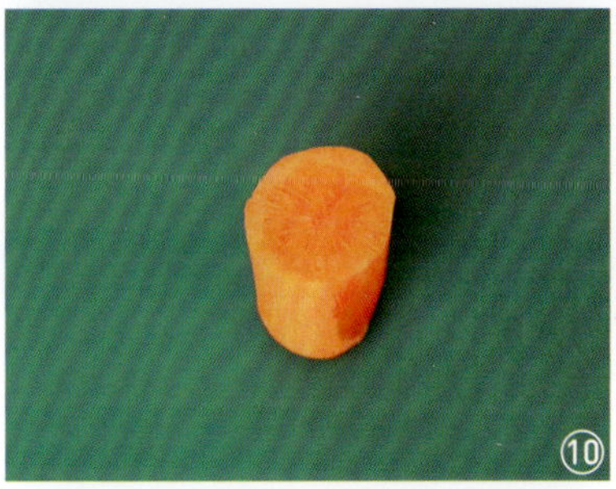
⑩

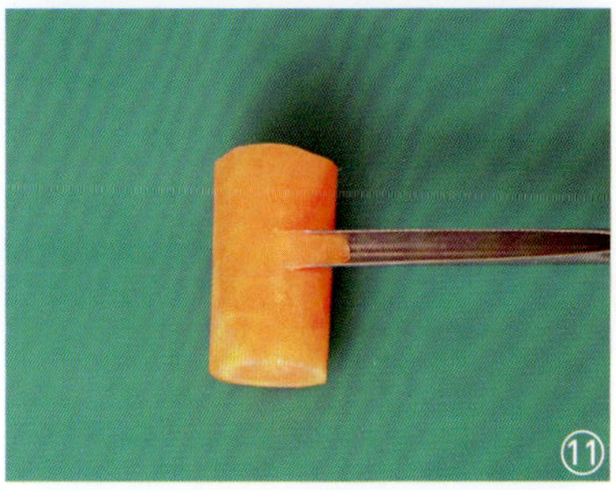
⑪

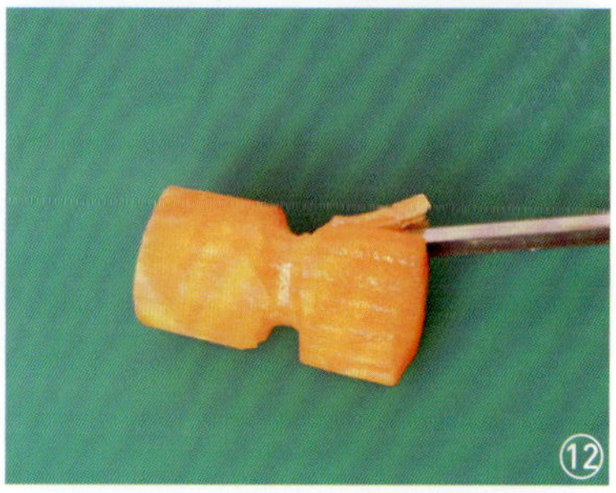
⑫

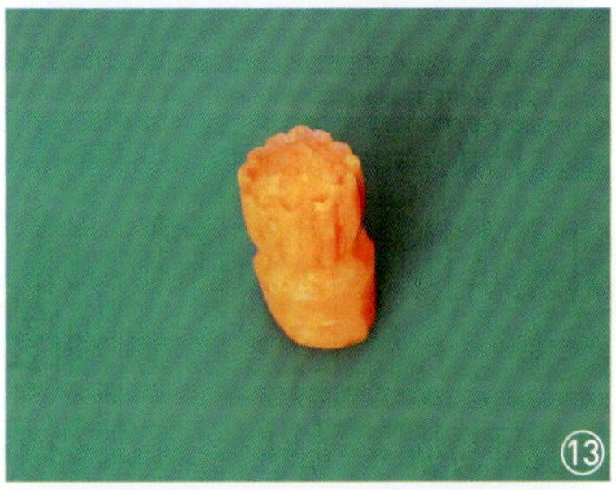
⑬

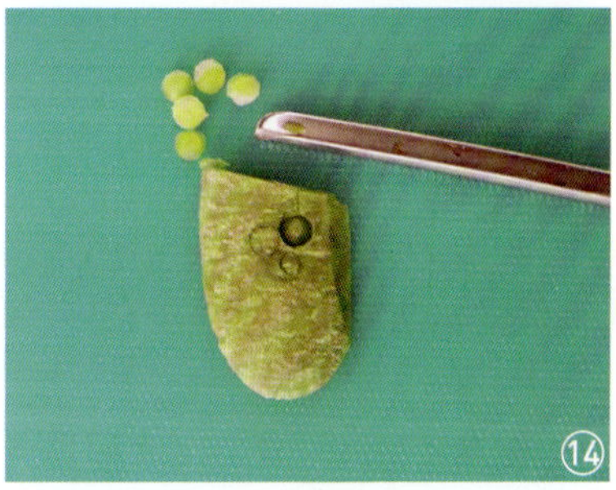
⑭

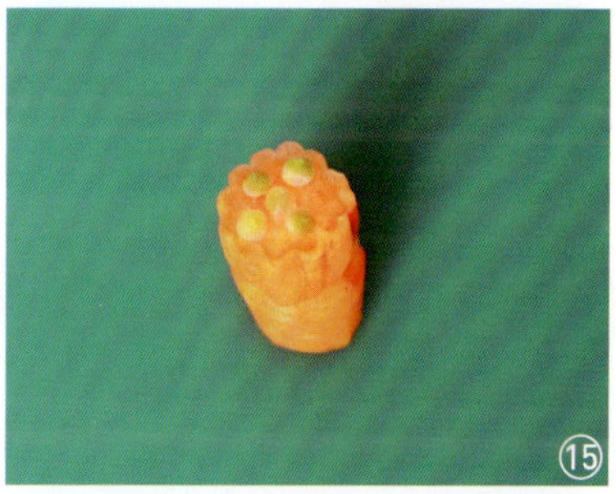
⑮

⑯

⑰

⑱

11 将花瓣依次粘连在莲蓬上，粘贴第一层花瓣（图⑲和图⑳）。

12 粘贴第二层花瓣，每个花瓣在第一层之间（图㉑）。

13 粘贴第三层花瓣，注意粘连技巧，完成荷花雕刻（图㉒）。

⑲

⑳

㉑

㉒

小妙招

右手横握刀，左手稳持料。
进料前面薄，转弯要巧妙。
力度控制牢，底部厚些好。
内侧粘胶水，花卉造型俏。

荷花上胶

“小荷才露尖尖角，早有蜻蜓立上头”“接天莲叶无穷碧，映日荷花别样红”“兴尽晚回舟，误入藕花深处”。关于荷花有众多的诗句，不再一一列举。荷花因出淤泥而不染，品质高洁，有“花中君子”的美誉。它象征着理想中的高贵人格，在烹饪行业中也常常被运用。荷花不仅可以做菜，在食品雕刻中也是广泛使用，刚刚讲解的是采用自制弯刀雕刻的创意荷花，传统荷花采用整雕方法，以下是整雕荷花的制作过程。

做法

1 将青萝卜直切成 4～5 厘米长的段（图①），将其修整成馒头形坯料（图②）。

2 将坯料修去一刀后刻画出六个花瓣（图③），雕出上薄下厚的花瓣（图④）。

3 雕出第一层花瓣（图⑤），去除一圈废料（图⑥）。

4 刻画第二层花瓣（图⑦），雕刻出第二层花瓣（图⑧），去除一圈废料（图⑨）。

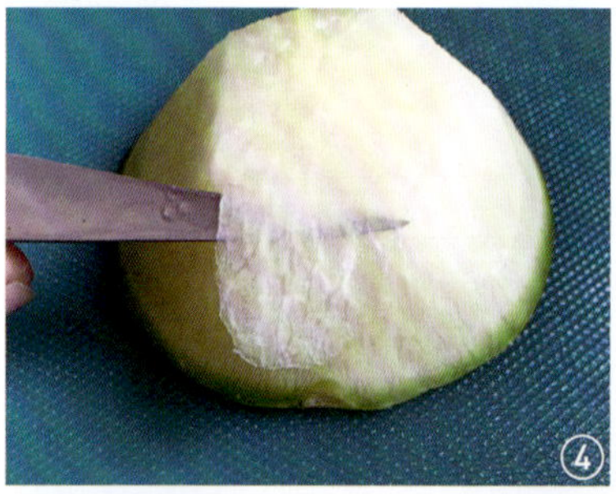

5 雕刻出第三层花瓣（图⑩），去除废料（图⑪），削去莲蓬顶部（图⑫）。

6 用 U 形戳刀旋刻莲蓬（图⑬和图⑭）。

7 用 U 形戳刀旋刻胡萝卜圆粒（图⑮），将胡萝卜圆粒镶嵌在莲蓬上（图⑯），完成整雕荷花（图⑰）。

小妙招

坯料高度要适中，
先画后刻出花瓣。
每层刻好要去料，
花瓣要比莲蓬高。

对比零雕荷花和整雕荷花两种雕刻方法，发现：从花瓣来看，传统整雕荷花花瓣是平面的，而零雕荷花的花瓣凹凸有致；从莲蓬来看，整雕作品的莲蓬只能是原有食材，而零雕荷花的莲蓬与外层花瓣原料，可以精心选用，巧妙搭配；从造型来看，传统整雕荷花相对生硬，零雕荷花栩栩如生，形象逼真。

思考 采用直刀切出荷花花瓣，用切雕梅花的方式，是否可以制作荷花？

实训4 零雕玉兰花

玉兰花动画　　玉兰花雕刻

材　料： 胡萝卜，青萝卜，白萝卜，仿真花蕾。

刀　具： 自制弯刀，片刀，平面刻刀，U 形戳刀。

黏合剂： 502 胶水。

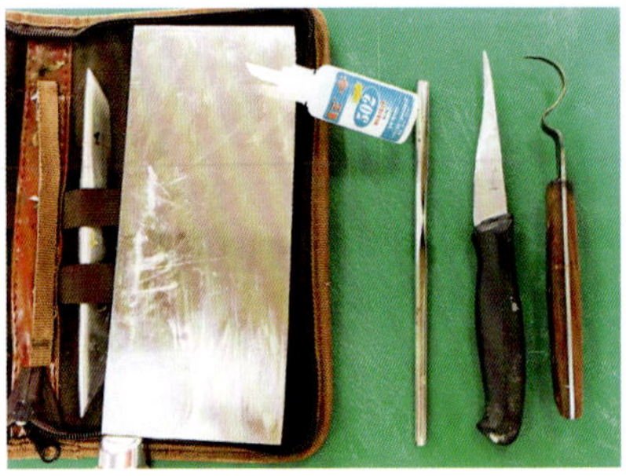

做法

1　将白萝卜改刀成 3 ~ 4 厘米长的段（图①）。

2　切出中间原料，放平后，切成大小不等的梯形（图②和图③）。

3　在梯形白萝卜的底边用 U 形戳刀挖出两个半圆形凹槽（图④）。

4　用平面刻刀沿凹槽部分修出玉兰花花瓣外形（图⑤）。

5　采用自制弯刀雕刻花瓣（图⑥）。

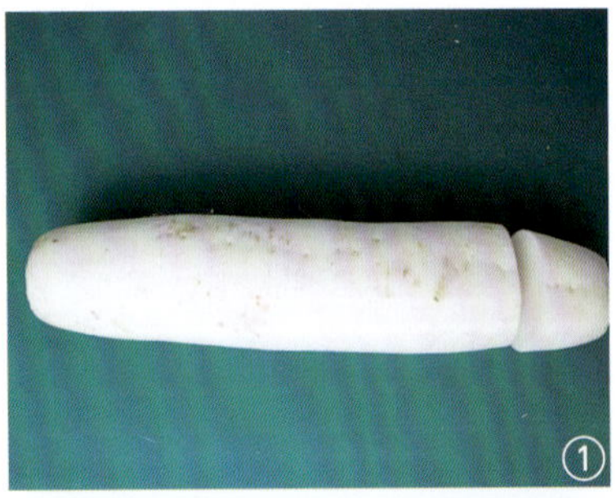

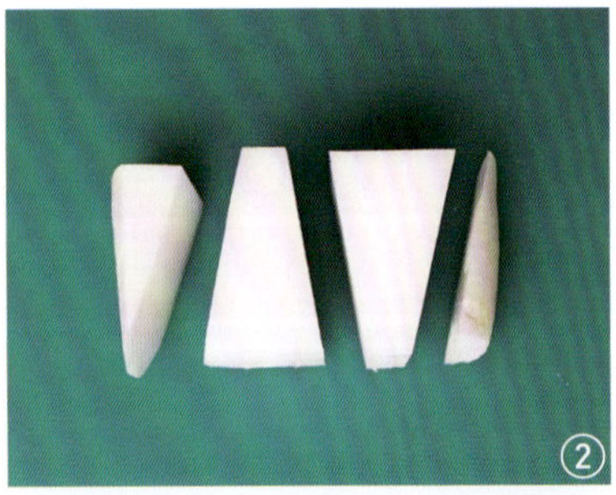

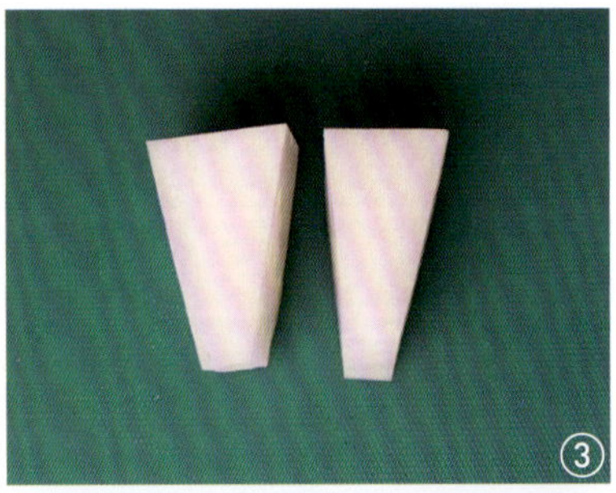

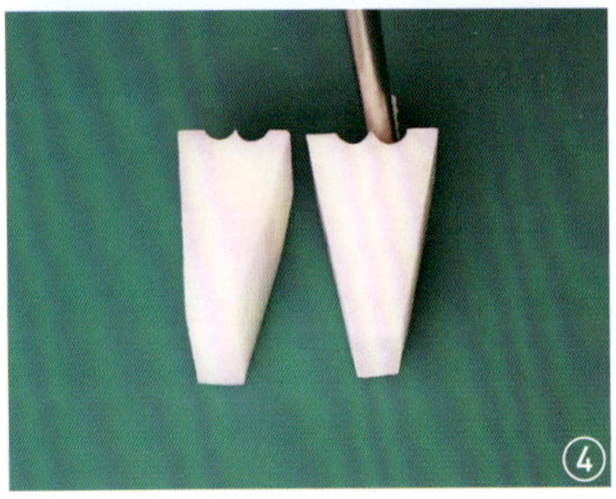

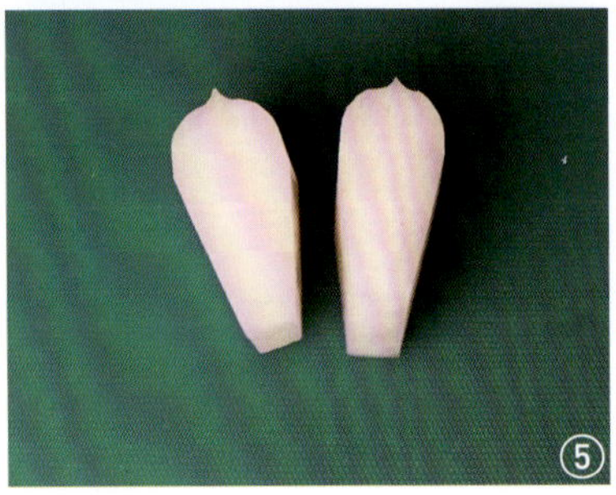

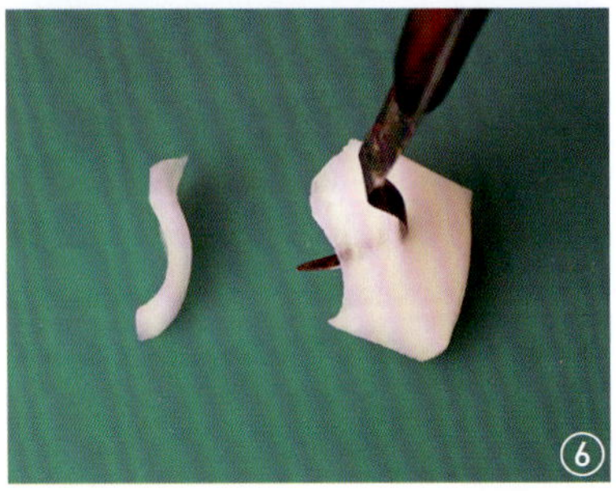

6 采用胡萝卜雕刻花蕊，取出仿真花蕾和 502 胶水备用（图⑦和图⑧）。

7 将仿真花蕾粘上 502 胶水后粘连在花蕊上（图⑨）。

8 粘贴花瓣（图⑩）。

9 依次粘贴两层花瓣，每层 3 瓣，完成玉兰花（图⑪）。

10 用青萝卜雕刻假山、小草、叶子、树枝，将玉兰花组装在树枝上，完成创意玉兰花雕（图⑫）。

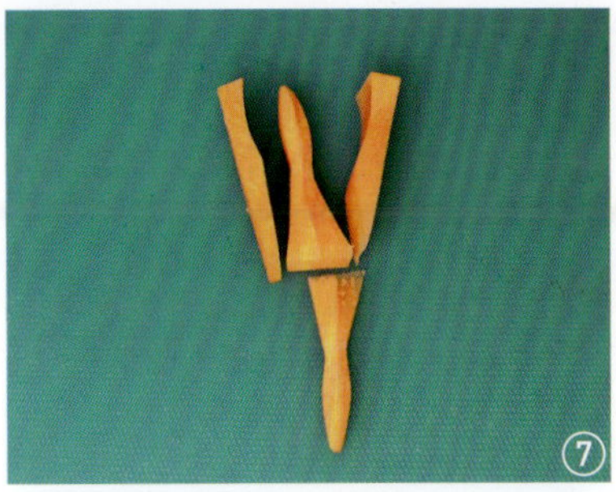
⑦

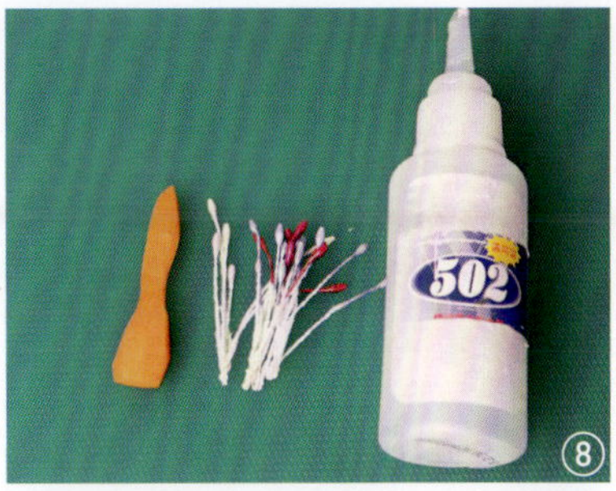

⑧

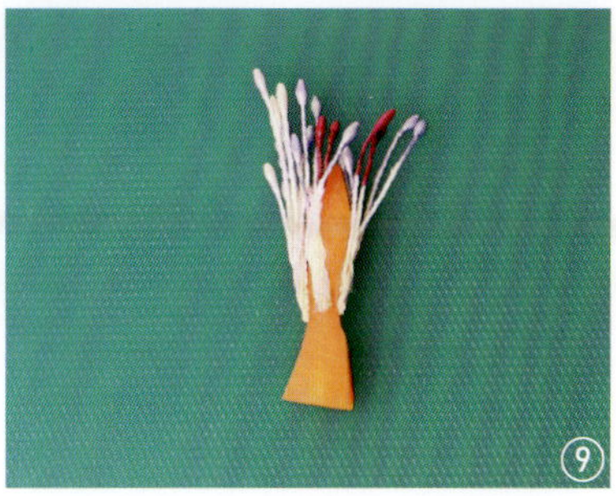
⑨

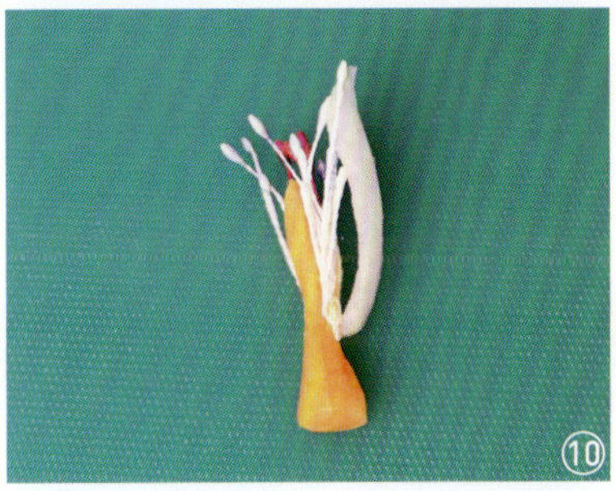
⑩

⑪

⑫

小妙招

自制刀具真奇妙，
雕刻花瓣快又好。
要想玉兰造型俏，
内侧粘贴胶水牢。

玉兰花是上海、连云港和东莞的市花。玉兰花有很多品种，如广玉兰、白玉兰。以白色为主，香味浓郁，花语是“报恩、真挚友情”，玉兰花和茉莉花、栀子花合称为“盛夏三白”。它的花瓣雕刻方法与荷花保持高度一致，两者最大的区别是花蕊以及花瓣的数量。

握刀技巧：右手横握，握稳弯刀，大拇指紧扣弯刀刀背。

雕刻技巧：右手大拇指顶住花瓣底端，刀具进料的深度为 0.5 ~ 0.8 厘米。到弧度转弯时，花瓣很容易厚起来，这时需要控制力度。

粘贴技巧：花瓣雕刻以后，粘连的时候，用花瓣内侧底粘 502 胶水，这样不粘手。粘花瓣的时候，注意花瓣与花瓣之间的空隙以及错落有致。

实训 5 零雕杜鹃花

杜鹃花动画　杜鹃花雕刻

材　料： 心里美萝卜，青萝卜，胡萝卜。

刀　具： 自制弯刀，片刀，平面刻刀，U 形戳刀，V 形戳刀。

黏合剂： 502 胶水。

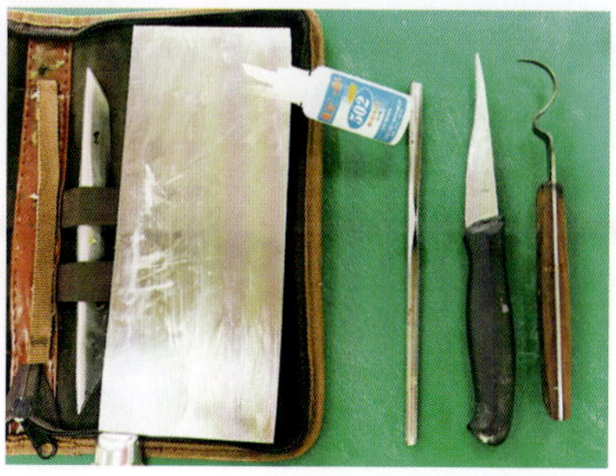

做法

1　将心里美萝卜改刀成 4 ~ 5 厘米长的段（图①）。

2　去除两边，切出中间原料（图②）。放平后，切成长约 4 厘米的小段（图③）。

3　取出其中一小段（图④）。

4　采用 U 形戳刀和平面刻刀配合修出杜鹃花花瓣齿轮状外形（图⑤和图⑥）。

①

②

③

④

⑤

⑥

5 采用自制弯刀雕刻花瓣，使得花瓣坯料形成自然内凹弧度（图⑦）。

6 采用胡萝卜雕刻花蕊（图⑧）。

7 用小号戳刀戳出一根根花蕾，去除多余原料（图⑨和图⑩）。

8 将花瓣粘上502胶水后，粘贴在花蕊四周（图⑪）。

9 依次粘贴5个花瓣，完成杜鹃花（图⑫）。

10 用青萝卜雕刻假山、小草、叶柄等，组装杜鹃花，完成创意雕刻（图⑬）。

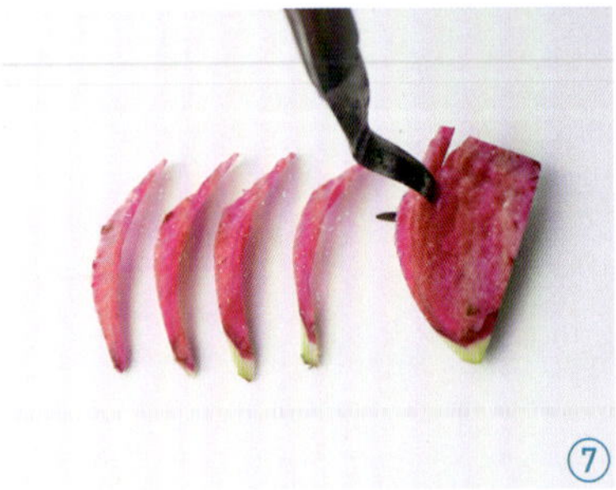
⑦

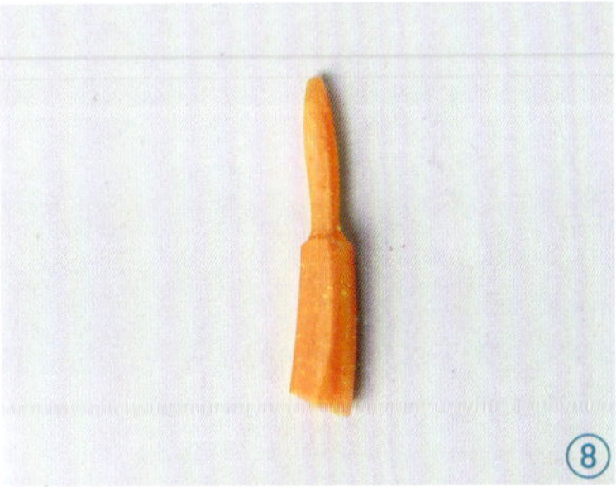
⑧

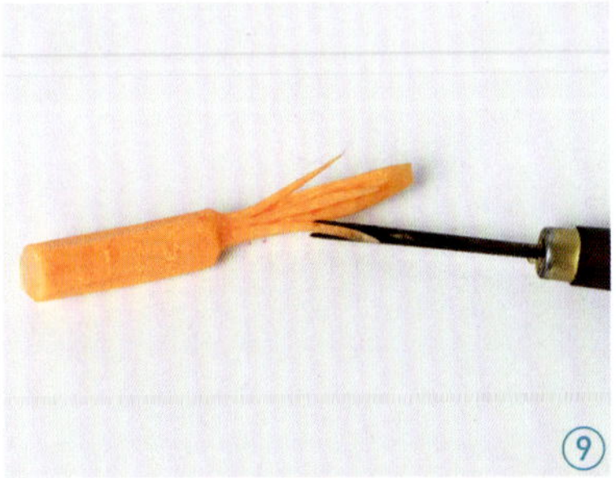
⑨

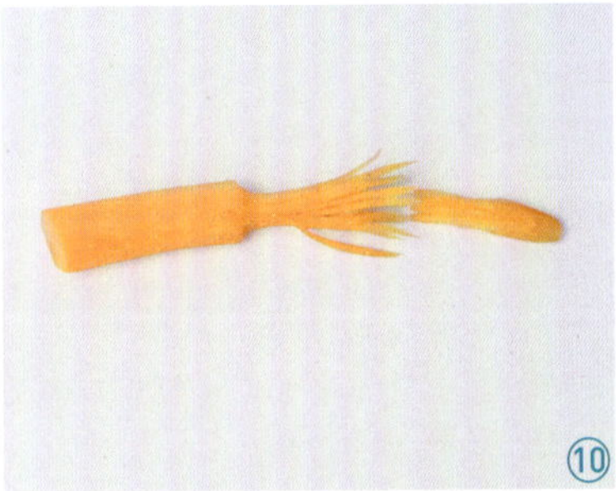
⑩

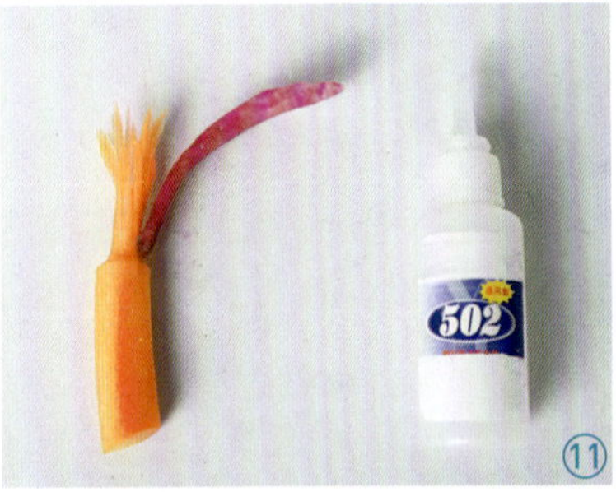

⑪

⑫

⑬

小妙招

自制刀具运用巧，
五个花瓣快又好。
内外组装粘贴牢，
杜鹃花儿盛开笑。

杜鹃花花瓣类似荷花、玉兰花，只是花瓣外侧有齿轮状，改刀过程几乎与荷花一致。杜鹃花又名映山红、山石榴，春季开花，颜色众多。江西、安徽、贵州将杜鹃花作为省花。杜鹃花和报春花、龙胆花合称为“中国三大名花”，主要寓意是“繁荣吉祥”。杜鹃花的雕刻特点是“快速、省料、易学”。

采用心里美萝卜雕刻的杜鹃花，搭配青萝卜雕刻的假山，色彩对比强烈，花红叶绿，扑面而来的春天气息，好似满山遍野的杜鹃花开放了。

实训6 零雕牡丹花

牡丹花动画　牡丹花雕刻

材　料： 胡萝卜，青萝卜，白萝卜，仿真花蕾。

刀　具： 片刀，平面刻刀，U 形戳刀，自制弯刀。

黏合剂： 502 胶水。

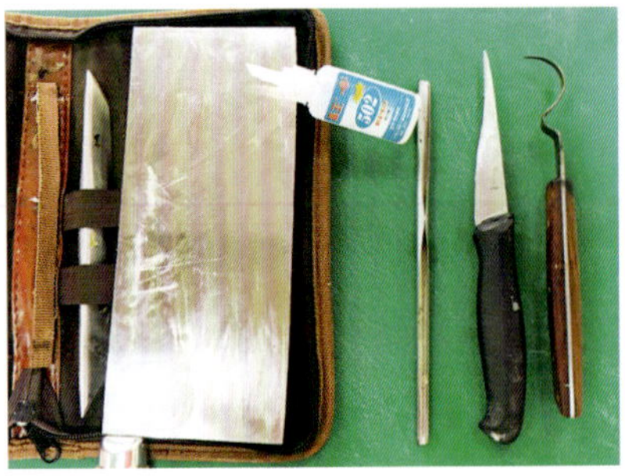

做法

1　将青萝卜改刀成 3～4 厘米长的段（图①）。

2　取出中间原料，放平后，切成大小不等的梯形（图②）。

3　依次再切两个大小号梯形，共 4 个大小不同的梯形（图③）。

4　采用平面刻刀修圆梯形底边，用 U 形戳刀戳出牡丹花花瓣齿轮状（图④）。

5　采用自制弯刀去除一层废料，使得花瓣坯料形成自然内凹弧度（图⑤）。

6　采用自制弯刀雕刻花瓣（图⑥），依次刻出牡丹花花瓣（图⑦）。

①

②

③

④

⑤

⑥

7 用戳刀戳出一个小五角星形（图⑧）。

8 采用心里美萝卜雕刻牡丹花花蕊（图⑨），将小五角星粘连在花蕊上（图⑩）。

9 粘上仿真花蕾（图⑪）。

10 粘贴第一层的5个花瓣（图⑫）。

11 依次粘贴第二层、第三层、第四层花瓣，完成牡丹花（图⑬）。

12 雕刻蝴蝶、小草、枝干、绿叶、假山等，组装，完成创意牡丹花雕（图⑭）。

⑦

⑧

⑨

⑩

⑪

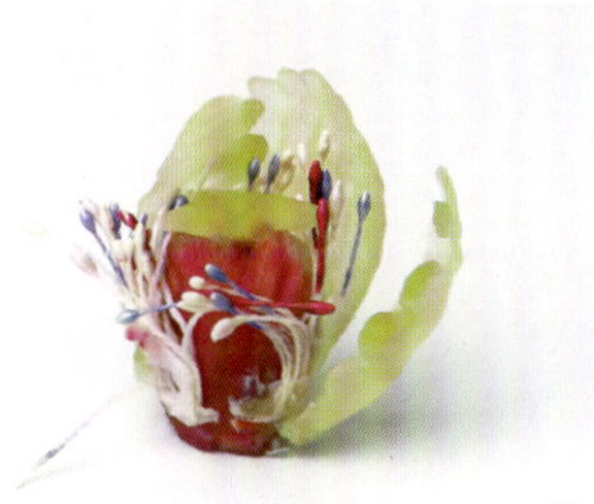

⑫

⑬

小妙招

片刀切出梯形块，
刻刀戳刀巧配合。
自制弯刀出花瓣，
四层花瓣粘贴快。

⑭

牡丹花是中国国花，有花中之王之美誉，河南洛阳牡丹尤为著名。古人关于牡丹花的诗句很多，有刘禹锡的《赏牡丹》，“唯有牡丹真国色，花开时节动京城”。欧阳修的《洛阳牡丹记》，“天下真花独牡丹”。白居易的《牡丹》，“绝代祗西子，众芳惟牡丹”。牡丹花因色泽艳丽，象征着富贵、祥和，汉唐至今受到人们的喜爱。在餐饮行业中运用非常广泛，有牡丹鱼、国色天香冷拼等。牡丹花还可以采用切雕方式，具体雕刻过程如下。

做法

1 取一段心里美萝卜（图①），用 U 形戳刀戳一圈（图②）。

2 用片刀片成 1 ~ 2 毫米的薄片（图③），用淡盐水腌渍（图④）。

3 将圆片对折卷起（图⑤），用牙签固定（图⑥）。

4 将圆片依次卷起（图⑦），完成切雕牡丹花（图⑧）。

①

②

③

④

⑤

⑥

⑦

⑧

小妙招

U 形戳刀戳满圈，
片刀批出薄花边。
花瓣需要盐水泡，
牙签固定花瓣卷。

零雕、切雕牡丹花，因下料规则，可以批量制作，这两种雕刻方法比传统整雕牡丹花易学，雕刻时间短。再对比切雕和零雕牡丹花，切雕只能用一种食材，零雕牡丹花可以巧妙搭配；切雕花瓣平面，零雕组装的花瓣凹凸有致；切雕色彩单一，零雕组装牡丹花绚丽多彩。

任务二 花鸟雕刻工艺实训

实训1 锦鸡戏牡丹

材　料：胡萝卜，心里美萝卜，白萝卜，青萝卜。

刀　具：片刀，平面刻刀，U形戳刀等。

黏合剂：502胶水。

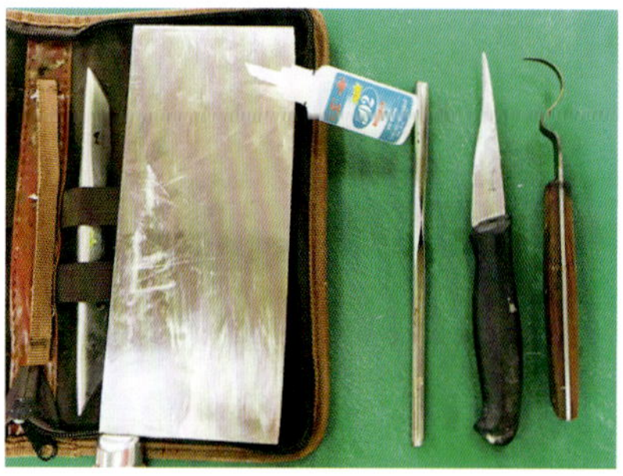

做法

1　选用大的胡萝卜雕刻锦鸡头部（图①）。

2　采用胡萝卜雕刻身体细羽毛（图②）。

3　采用心里美萝卜和白萝卜雕刻细的羽毛，粘贴在锦鸡身体上（图③）。

①

②

③

4 粘贴尾羽，锦鸡成形（图④）。

5 采用心里美萝卜雕刻锦鸡翅膀，组装成形（图⑤）。

6 采用胡萝卜雕刻锦鸡长尾羽（图⑥）。

7 切出长尾羽备用（图⑦）。

8 将长尾羽组装在锦鸡尾部（图⑧）。

9 用胡萝卜雕刻脚爪（图⑨）。

10 将两只脚爪组装到锦鸡上，完成锦鸡雕刻（图⑩）。

11 用胡萝卜雕刻牡丹花（图⑪）。

12 用青萝卜雕刻小假山、小草、牡丹花叶，作品组装成形（图⑫）。

④

⑤

⑥

⑦

⑧

⑨

⑩

⑪

⑫

小妙招

1. 确定雕刻主题。确定锦鸡雕刻创新着力点。
2. 选定锦鸡造型，确定锦鸡羽毛色彩搭配。
3. 把握锦鸡雕刻细节。
4. 确定牡丹花的色彩，采用零雕形式成形。
5. 组合雕造型完整，色彩搭配艳丽。

思考 与传统锦鸡雕刻相比，创新点在哪里？还可以采用哪些原料进行搭配？

实训2 翠鸟戏莲

材　料：胡萝卜，青萝卜，白萝卜，心里美萝卜。

刀　具：片刀，平面刻刀，U形戳刀等。

黏合剂：502胶水。

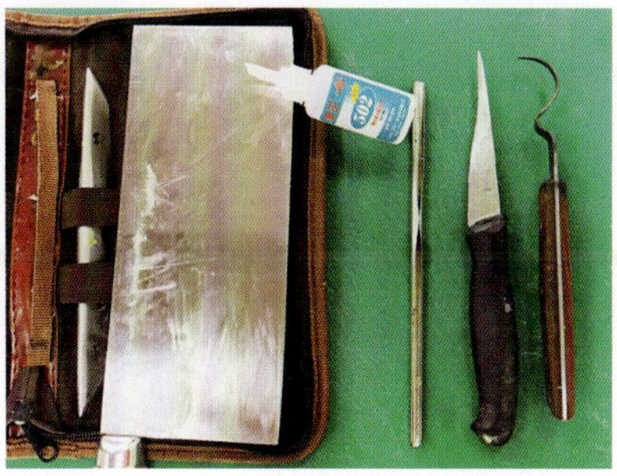

做法

1　选用大的胡萝卜雕刻翠鸟头部和身体（图①）。

2　雕刻翅膀和身体羽毛，采用青萝卜雕刻细羽毛，粘贴在翠鸟上（图②）。

3　用心里美萝卜雕刻尾羽（图③）。

4　粘贴尾羽、脚爪，翠鸟成形（图④）。

5　用胡萝卜雕刻另一只站立的翠鸟（图⑤）。

6　用心里美萝卜雕刻细羽毛，雕刻尾羽、脚爪，粘贴成形（图⑥）。

7 两只不同形态的翠鸟成形备用（图⑦）。

8 用心里美萝卜雕刻睡莲花（图⑧）。

9 雕刻吉他以及其他零配件，组装支架（图⑨）。

10 将两只翠鸟组装到支架上，完成创意雕刻（图⑩）。

⑦

⑧

⑨

⑩

小妙招

1. 确定主题。构图，确定雕刻内容。
2. 选定翠鸟不同造型，确定翠鸟色彩构成。
3. 把握翠鸟雕刻细节、组装技巧，促使色彩完美地呈现作品。
4. 采用吉他作为支架，搭配睡莲花、莲叶等，丰富色彩。
5. 构图完整，两只翠鸟遥相呼应。

思考 翠鸟还可以怎样构图制作？

实训3 仙鹤荷花图

材　料： 胡萝卜，青萝卜，白萝卜，心里美萝卜。

刀　具： 片刀，平面刻刀，U形戳刀等。

黏合剂： 502胶水。

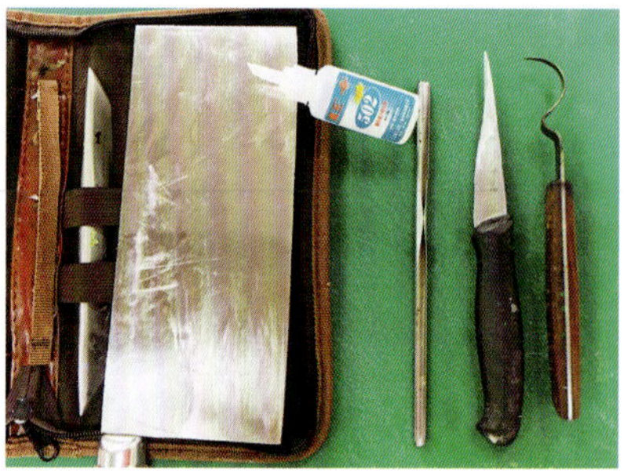

做法

1　将白萝卜、胡萝卜切成如图形状（图①）。

2　将白萝卜和胡萝卜拼接后，雕刻仙鹤头（图②）。

3　将仙鹤头拼接到白萝卜上（图③）。

4　雕刻出不同神态的两只仙鹤（图④）。

5　切出白萝卜片（带皮部分），画出翅膀（图⑤）。

6　雕刻仙鹤翅膀（图⑥）。

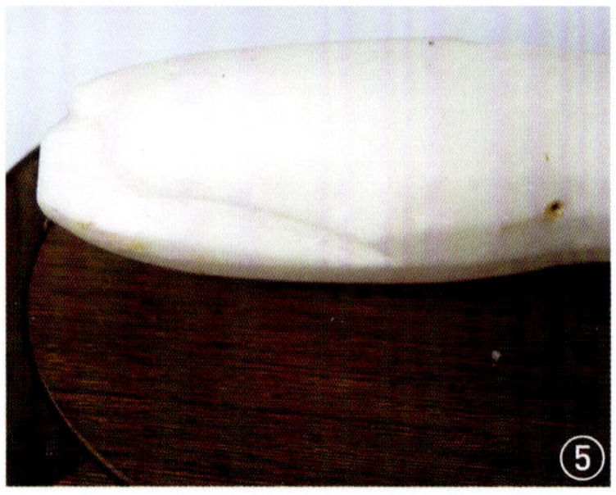

7 雕刻两只不同形态仙鹤的翅膀（图⑦和图⑧）。

8 组装翅膀（图⑨）。

9 雕刻仙鹤脚爪（图⑩）。

10 组装两只不同形态的仙鹤（图⑪和图⑫）。

11 用心里美萝卜、青萝卜和胡萝卜雕刻荷花（图⑬）。

12 用白萝卜和青萝卜雕刻如图所示的支架（图⑭）。

13 雕刻楼阁，组装在支架上（图⑮）。

⑦

⑧

⑨

⑩

⑪

⑫

⑬

⑭

⑮

14 将荷花及其他配件组装在支架底部（图⑯）。

15 雕刻祥云等配件，组装（图⑰）。

16 将两只仙鹤组装到支架上（图⑱和图⑲）。

17 组装作品（图⑳）。

⑯

⑱

⑳

⑰

⑲

小妙招

1. 确定仙鹤荷花图主题。
2. 选择不同造型的仙鹤。
3. 把握仙鹤雕刻细节，增添羽毛色彩。
4. 采用大 C 形支架，搭配楼阁、荷花、祥云等，丰富内涵。

思考 仙鹤荷花图的不同造型和创意有哪些?

任务三 豆腐雕刻工艺实训

豆腐手工切丝可以制作成文思豆腐，豆腐还可以手工切成菊花形状，制作成菊花豆腐，这些精细化菜肴体现了精湛的刀工技术，展示了现代厨师技艺。

豆腐能否雕刻？

在百度、抖音中搜索豆腐雕花，能够搜索出浮雕月季花的视频。采用盐卤制成的老豆腐，质地相对硬实，内部细腻，在雕刻技艺达到一定水平后，可以采用灵巧的双手和锋利的刀具，雕刻月季、麒麟、鱼类等。

豆腐雕刻可以用于各种厨艺美食节、职工科技周、中高职教学成果展等场合进行技艺展示，体现师生不畏艰苦、勤学苦练而成的技能成果。弘扬中华传统技艺，展现新时代工匠精神。

本任务中选取了三个典型豆腐雕刻作品。第一是豆腐月季，采用整雕月季花手法，在清水中完成修坯，出花瓣，去除废料，再出花瓣，依次直到花蕊。学会豆腐整雕月季，也就学会了其他整雕花卉，如马蹄莲、玫瑰花、荷花等。第二是豆腐麒麟，采用先画后雕，半立体雕刻龙头马身，注重雕刻细节，脚踏祥云的神兽从水中而来。第三是组合雕——鲤鱼跳龙门，在雕刻过程中把握好组装细节，画龙点睛的小配件的恰当安装，使画面更具观赏性。

那么，豆腐还可以雕刻什么呢？

让我们一起去学习、去思考吧！

实训 1 豆腐月季

豆腐月季

材　料： 老豆腐。

刀　具： 勾线刀，平面刻刀，7 厘米直径圆形套模 1 只。

辅　助： 透明水碗。

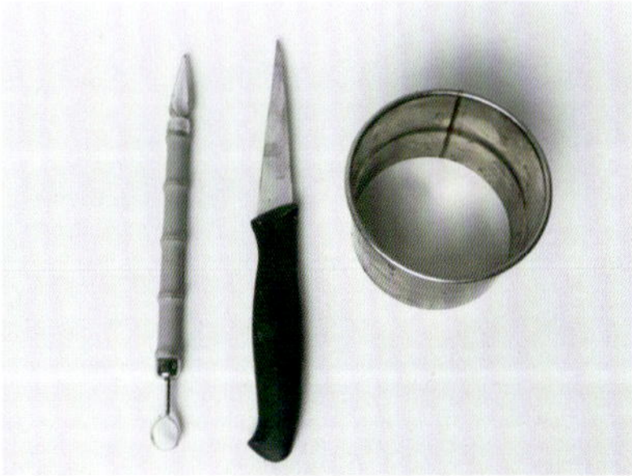

做法

1 用圆形套模将豆腐压出直径 7 厘米的圆柱体，用平面刻刀修成 5~6 厘米高的馒头形坯料（图①）。

2 去除一层花瓣废料，雕刻第一层五个花瓣（图②）。

3 去除一圈废料，雕刻第二层花瓣（图③）。

4 再去除一圈废料，雕刻第三层花瓣（图④）。

5 去除废料，依次旋刻至花蕊（图⑤）。

6 完成豆腐月季花雕刻（图⑥）。

7 采用勾线刀和平面刻刀搭配，雕刻叶柄。放置在清水中，豆腐月季就完成了（图⑦）。

小妙招

1. 选用石膏点卤制作的豆腐，相对硬实一些。
2. 平面刻刀要锋利，下刀要准。
3. 在清水中完成，豆腐相对不易碎。

思考 采用豆腐，还可以雕刻哪些花卉呢？

实训2 豆腐麒麟

豆腐麒麟

材　料：老豆腐。

刀　具：U形戳刀，平面刻刀，两种勾线刀，画笔。

辅　助：盘子。

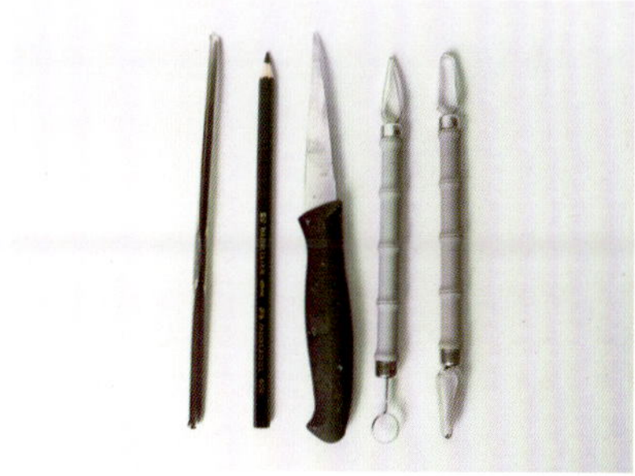

做法

1　取一块方正的老豆腐，用画笔勾勒出麒麟造型（图①）。

2　画出完整的麒麟形状（图②）。

3　去除多余豆腐，雕刻出麒麟大体形状（图③）。

4　采用勾线刀和平面刻刀搭配，雕刻半立体龙头（图④）。

5　用勾线刀刻画龙须（图⑤），雕刻龙头龙尾（图⑥）。

①

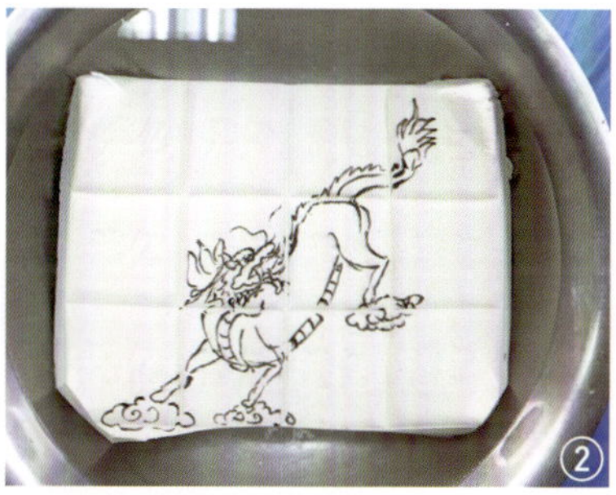

②

③

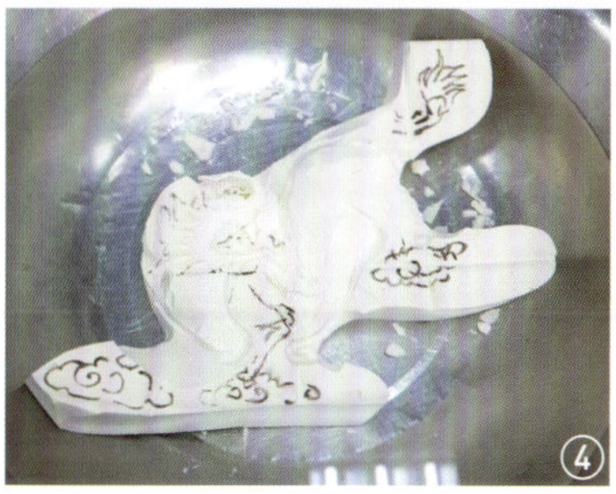

④

⑤

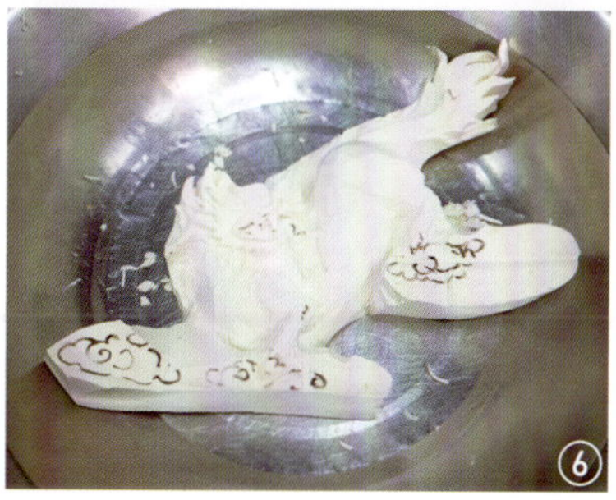

⑥

6 采用 U 形戳刀和平面刻刀搭配，雕刻麒麟身体上的鳞片（图⑦和图⑧）。

7 雕刻完成身体部分（图⑨和图⑩），雕刻腿、脚。

8 雕刻祥云、太阳。

9 放置在清水中，豆腐麒麟就完成了（图⑪）。

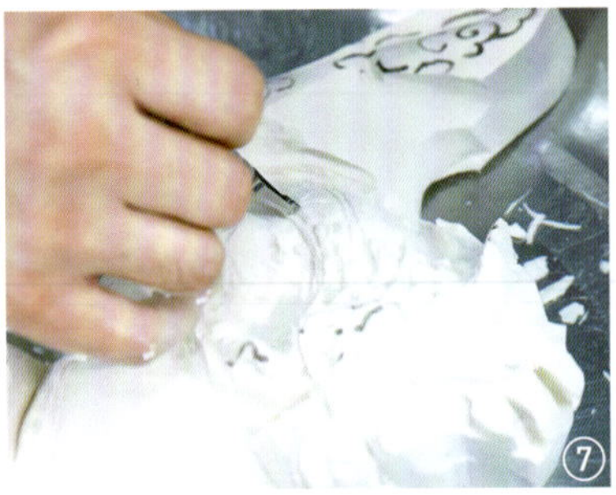
⑦

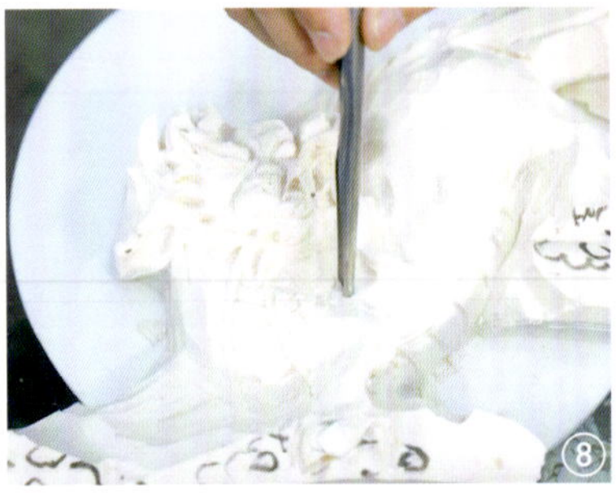
⑧

⑨

⑩

⑪

小妙招

1. 选用整块豆腐，内部细腻质量优。
2. 先画后雕，有效把握整体造型。
3. 豆腐麒麟为龙头、马身、麟脚，雕刻成半立体造型。
4. 所有刀具需要磨锋利，便于刻画。

思考 采用豆腐，除雕刻麒麟以外，是否可以雕刻小白龙、小白马以及白天鹅？

实训3 鲤鱼跳龙门

鲤鱼跳龙门

材　料： 老豆腐。

刀　具： 平面刻刀，尖头勾线刀，圆头勾线刀，大号V形戳刀，小号U形戳刀，画笔。

辅　助： 盘子。

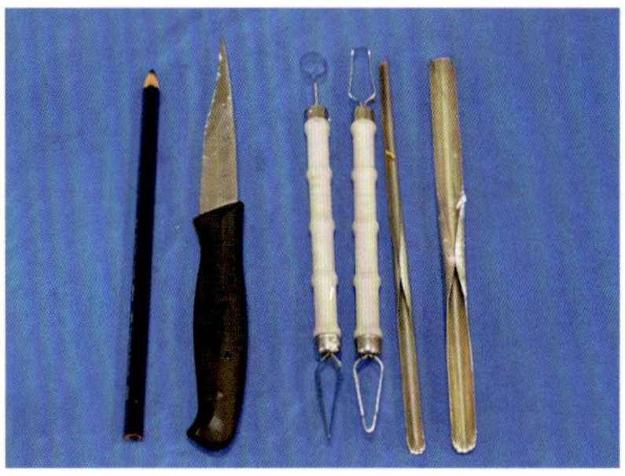

做法

1 取一块方正的老豆腐，采用画笔勾勒出鲤鱼大体造型（图①）。

2 用尖头勾线刀刻出完整的鲤鱼形状（图②）。

3 去除多余豆腐，雕刻鲤鱼大体形状（图③）。

4 进一步刻画鲤鱼身体和背鳍部分（图④）。

5 雕刻出鱼尾（图⑤）。

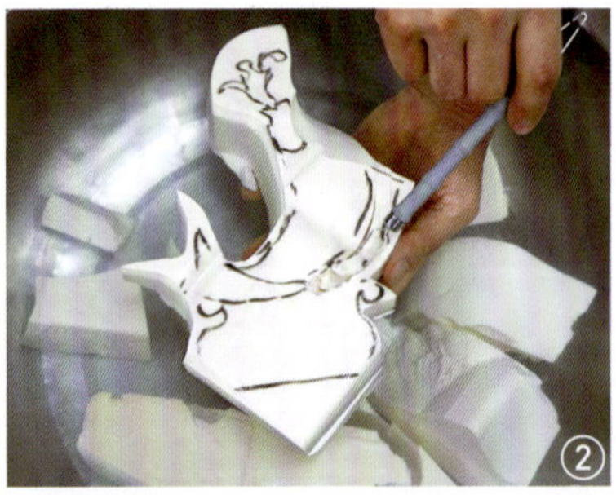

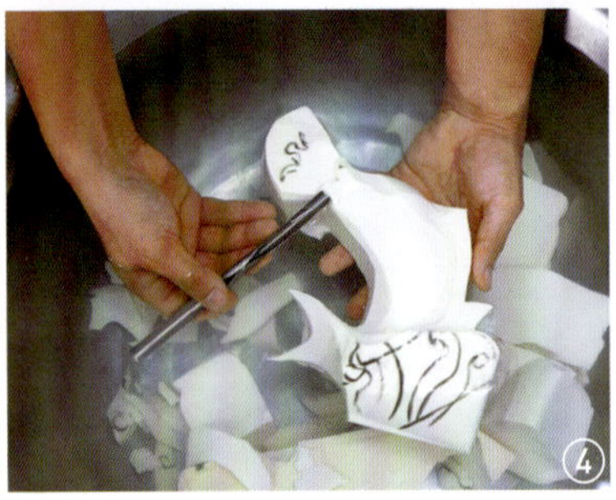

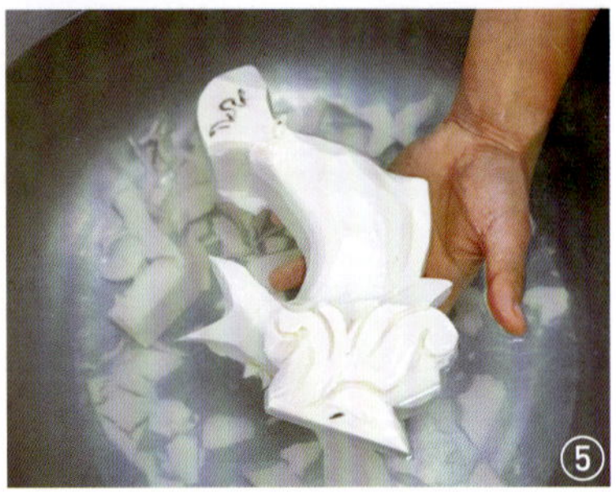

6 用勾线刀雕刻出鱼鳃（图⑥），平放在盘中（图⑦）。

7 采用大号 V 形戳刀、小号 U 形戳刀和平面刻刀搭配，雕刻鲤鱼身体上的鳞片（图⑧），完成身体部分（图⑨）。

8 用勾线刀和平面刻刀细致雕刻鳞片（图⑩和图⑪），完成背鳍及鱼鳞的雕刻（图⑫）。

9 细致雕刻鲤鱼尾部（图⑬），鱼尾成形（图⑭），雕刻鱼嘴，完成一条鲤鱼（图⑮）。

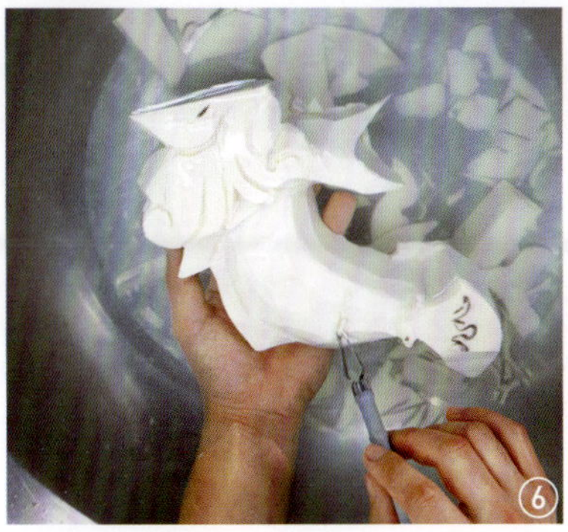
⑥

⑦

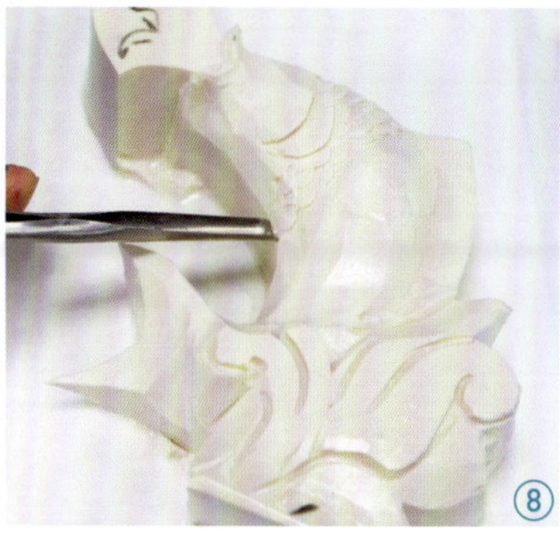
⑧

⑨

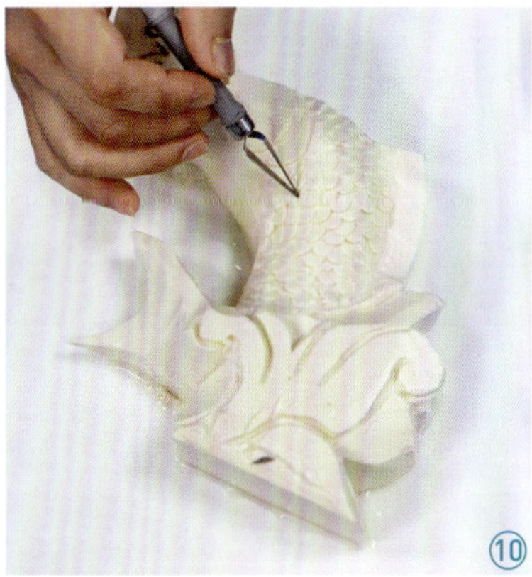
⑩

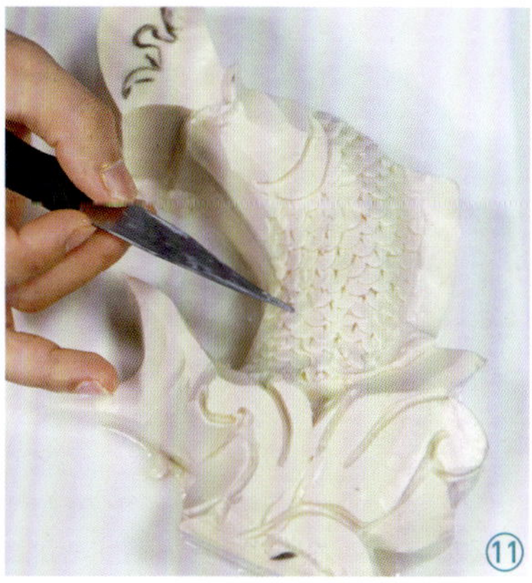
⑪

⑫

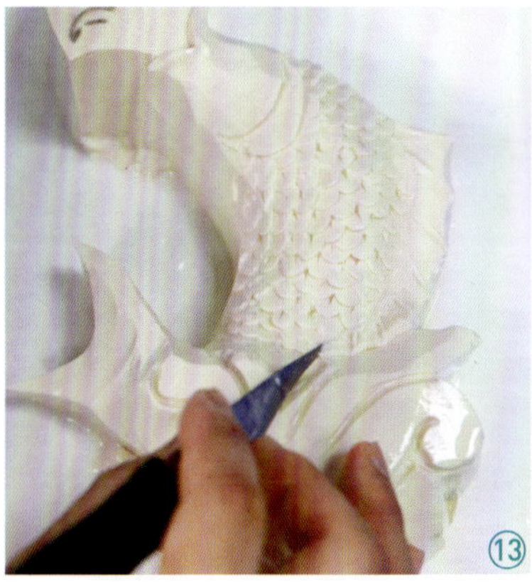
⑬

⑭

⑮

10 画出不同造型的另一条鲤鱼，完成鲤鱼雕刻（图⑯至图⑲）。

11 雕刻胸鳍、腹鳍，组装在鲤鱼上（图⑳）。

12 画出龙门（图㉑），用圆头勾线刀和平面刻刀配合雕刻出龙门（图㉒）。

13 雕刻祥云，组装。

14 放置在清水中，完成鲤鱼跳龙门（图㉓）。

⑯

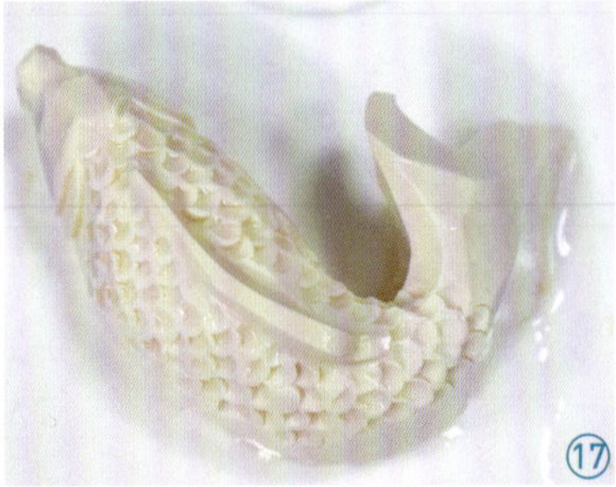
⑰

⑱

⑲

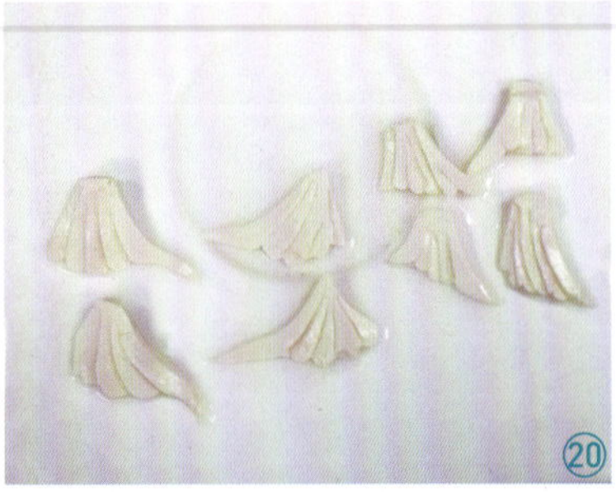
⑳

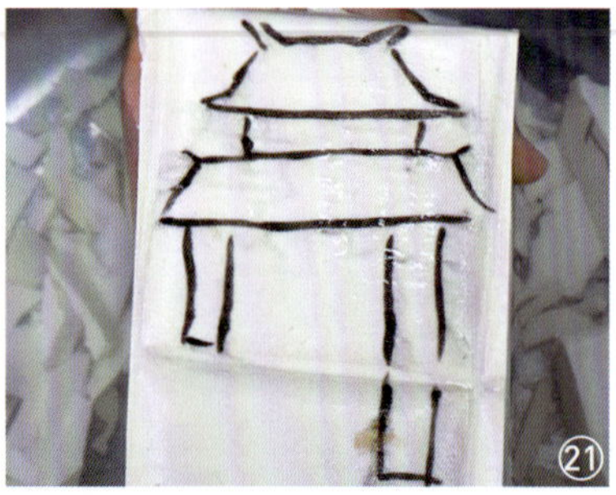
㉑

㉒

㉓

小妙招

1. 首先要构思出整体造型图，然后分步完成不同的主体雕刻。
2. 在能够确保质量的前提下，尽量采用整雕，先画后雕。
3. 把握鲤鱼雕刻细节，巧妙组装鱼鳍，完成造型。
4. 构图完整，两条鲤鱼遥相呼应。

思考 采用豆腐，除可以雕刻鲤鱼以外，是否可以雕刻其他各种鱼类、虾蟹、贝类？

项目二

主题食品雕刻设计

任务一 果蔬类食品雕刻设计

进入21世纪后，果蔬雕刻作品不断推陈出新。在各种美食展台、国内外交流赛中，常常有令人眼前一亮的创意作品。在20世纪80、90年代，果蔬雕刻经常出现的题材多为龙凤、孔雀，人物多为寿星，花卉多为月季花，这与当时喜宴、寿宴装扮点缀流行果蔬雕刻有关。进入21世纪后，各类交流和比赛增多。尤其是各级各类技能大赛设置了果蔬雕刻项目，从而激发出较多的创新设计灵感。

果蔬雕刻创新思路源自哪里？

一是题材创新。设计一件具有故事性的雕刻作品，比如梦境、和雅音，观看作品后，可以引起共鸣，让人有一定的想象空间；以古代著名故事来创新设计雕刻作品，如孟母三迁、凿壁偷光，让人一看作品就会想起耳熟能详的故事；还有以神话故事为原型进行雕刻创作的作品，如真假美猴王、飞天，生动的人物刻画，让观摩者感叹雕刻技艺的博大精深；而以现代生活为创作根源的作品，如欣欣向荣、童趣，让观摩者感受到和平、安宁、幸福。

二是色彩搭配创新。在设计作品时，充分运用色彩知识，巧妙搭配，同一种食材，不同的部位有不同的运用，如欣欣向荣，基本都是采用南瓜进行雕刻，在雕刻时，有意识地将大象座位上的垫毯与大象身体进行了具有辨识度的区分。多种食材精细搭配，如和雅音，利用南瓜、青萝卜、胡萝卜、红菜头、心里美萝卜等天然果蔬色彩，谱写出一幅华美锦绣篇章。此外，还可以借助一些色彩艳丽的模拟食材装点成形，如仿真花蕾、仿真眼、仿真吊坠。

三是雕刻技法创新。过去食品雕刻作品，多数以整雕为主。近十多年来，雕刻作品多采用零雕组装成形的办法。不仅仅是头部和身体的零雕组装，还体现在服饰、常见配饰等细节上的零雕组装。这些零雕组装作品，让人耳目一新。

创意设计雕刻作品，有故事，有品位，有创意，只有想不到，没有做不到。

寿比南山

锦鸡

星空下的玉兔

花龙戏凤

设计1 欣欣向荣

设计背景:

2010年，宁波市举办一年一度职工科技周活动。而此时，学校烹饪专业正处于高速发展的阶段，烹饪专业学生林冬迪成为学校第一个站上了全国职业院校的领奖台上的学生。时代在召唤、厨艺在精进，在专业建设前进道路上，不断磨砺技艺。

为此，我们创意设计制作了“欣欣向荣”这一作品，全部由南瓜雕刻而成。在色泽上，金黄色象征着光荣、辉煌、闪耀、光明，寓意美好；在作品构思上，三位可爱的小孩，代表新生力量，好似学校培养的无数学生；大象力大无穷却性情温和，代表着学校的力量；椰树挺拔笔直，坚韧顽强，好似我们辛勤的园丁。作品亮相宁波国际会展中心，得到参会来宾的大力称赞，并获得宁波职工科技周最高奖——金奖。

制作材料： 老南瓜。

刀具运用： 片刀，平面刻刀，U形戳刀，V形戳刀。

黏 合 剂： 502胶水。

做法

1 雕刻3个小孩。头部雕刻完成后，接上南瓜雕刻身体其他部位。一般小孩身高为5个头部的高度。

2 雕刻大象。先雕刻象头部分，组装后，雕刻身体，再雕刻四条腿，组装后，雕刻身体的配件部分。

3 雕刻椰树。先雕刻椰树叶子，然后雕刻椰子、树干，最后组装。

4 雕刻假山部分。

5 如图组装。

小妙招

挑选长形硬实老南瓜，并巧妙运用好南瓜的不同部位颜色进行巧妙点缀。作品的搭配布局合理，积极进取。

设计 2 童趣

设计背景：

每年七月开元旅业集团都会举行厨艺比赛。来自全国各地的美食爱好者、院校教师、学生来到杭州观摩，获取更多灵感，这项比赛也有了“小国赛”之称，这里成为又一个交流和切磋技艺的舞台。

果蔬雕刻是其中一项重要赛项，和全国职业院校技能大赛的果蔬雕规定原料有所不同，这里的果蔬雕刻原料由开元旅业集团旗下各家酒店自行选择，自行进行前期的设计制作，高度和大小也不限制。

“童趣”是周炜彬创意设计并参加 2014 年开元旅业集团厨艺比赛果蔬雕刻作品。作品由南瓜、各种萝卜、红菜头雕刻而成，在色彩上巧妙搭配，三名童子或坐在莲上，或在池中戏水玩耍，姿态各异，天真烂漫，营造出一幅江南童子夏日戏水画卷，展示出江南无限好的美好场景。

作品“童趣”亮相萧山开元酒店，吸引众人驻足观摩，并获得当年果蔬雕刻最高奖——特等奖。后来，为了将这件作品永久保存，采用模拟食材泡沫进行了雕刻，并在 2015 年参加全国职业院校技能大赛技术技能创新比赛，获得一等奖。

制作材料：老南瓜，白萝卜，胡萝卜，青萝卜，心里美萝卜，红菜头。

刀具运用：片刀，平面刻刀，U 形戳刀，V 形戳刀，自制弯刀。

黏 合 剂：502 胶水。

其他辅助：透明亚克力板，仿真花蕾。

做法

1 采用硬实老南瓜雕刻三名童子，注意三名童子要有不同姿势和神态。用南瓜雕刻圆澡盆。

2 雕刻两只飞鸟。身体部分采用胡萝卜雕刻，翅膀和尾部羽毛采用青萝卜雕刻。

3 用白萝卜和胡萝卜雕刻各种神态的仙鹤，有站姿和飞翔姿势，翅膀和脚变换造型。

4 零雕荷花花瓣，组装。用青萝卜雕刻浪花、绿叶，用心里美萝卜雕刻小花。

5 雕刻鸳鸯、小草。

6 采用红菜头和胡萝卜雕刻椭圆形镜框。

7 如图组装。

小妙招

1. 三名童子采用南瓜雕刻，定好作品主色调。
2. 镜框采用红菜头和胡萝卜镶边，作为整件作品衬托和支撑物品，色彩与主体雕刻相得益彰。
3 作品恰当留白，好似一幅美景图画。

设计 3 飞天

设计背景：

自 1999 年神舟一号到 2022 年神舟十四号，中国载人航天飞船已经成功飞向太空 23 年。飞天，已不再是遥不可及的梦。

果蔬雕刻中的飞天，一直是刀尖上艺术家们创作的热点。设计这件作品时，在作品上端采用鹤驾腾空飞向天边的感觉，而在作品底部体现了现实生活世界，采用水中鱼儿、帆船、亭台这些物品，中间的主体是两位仙女手持不同乐器。构思好以后，需要勾勒出大体形状，然后分步雕刻。

在色彩运用上，采用香芋雕刻假山等支撑物，两名仙女则是采用南瓜雕刻，仙鹤、帆船采用了白萝卜与胡萝卜、青萝卜的搭配，帆船顶部采用色彩艳丽的红菜头雕刻，亭台采用胡萝卜和香芋雕刻。红灯椒刻成圆圆的太阳，整件作品呈现 S 形造型，采用透明亚克力板支撑起果蔬雕刻飞天之梦。

制作材料：老南瓜，白萝卜，胡萝卜，青萝卜，香芋，心里美萝卜，红菜头，红灯椒。

刀具运用：片刀，平面刻刀，U 形戳刀，V 形戳刀，自制弯刀。

黏 合 剂：502 胶水。

其他辅助：透明亚克力板。

做法

1 采用硬实老南瓜雕刻两名仙女，注意两名仙女的不同姿势和手持乐器。

2 雕刻仙鹤，身体部分采用白萝卜雕刻，翅膀采用青萝卜雕刻，嘴巴和脚采用胡萝卜雕刻。

3 采用白萝卜、胡萝卜和红菜头搭配雕刻帆船。

4 用香芋雕刻大小不同的假山。零雕荷花花瓣，组装。采用青萝卜雕刻浪花、绿叶，用心里美萝卜雕刻小花。

5 采用香芋和胡萝卜搭配雕刻亭台。

6 采用青萝卜和胡萝卜雕刻祥云。用红灯椒雕刻太阳。

7 如图组装。

小妙招

1. 注意两名仙女的服饰搭配，定好作品主色调。
2. 仙鹤均为飞行姿态，并朝向同一个方向。
3. 注意整体设计造型，作品线条流畅。

设计 4 和雅音

设计背景：

“和雅音”是精心设计的一件大型果蔬雕刻作品。在大型古筝上，两位仙女奏弹乐器，和谐高雅的音乐，听起来特别美妙悦耳，引起仙鹤围绕四周翩翩起舞。和雅，寓意温和文雅；雅音，寓意乐曲和谐雅正动听。

观看作品，好似透过古筝的声音，两位仙女吹奏弦乐，阵阵花香袭来，仙鹤鸣叫婉转而悠扬，展翅飞翔，又好似进入另一个清新世界，坐看云起云落。

作品采用一架古筝，牵动着所有的思绪和繁华，既古朴大气又尽显雕刻技艺。作品“和雅音”亮相萧山开元酒店，吸引众人驻足观摩，并获得当年开元旅业集团果蔬雕刻最高奖项。

制作材料：香芋，老南瓜，白萝卜，胡萝卜，心里美萝卜，红菜头，青萝卜。

刀具运用：片刀，平面刻刀，U 形戳刀，V 形戳刀，自制弯刀。

黏 合 剂：502 胶水。

其他辅助：透明亚克力板。

做法

1 采用硬实老南瓜雕刻古筝整体，采用青萝卜、心里美萝卜雕刻古筝细节部分及作品名称。

2 采用老南瓜雕刻两位仙女及手持乐器，飘带采用青萝卜和心里美萝卜搭配颜色。

3 用香芋雕刻底座，配以胡萝卜。亚克力板上也采用香芋和胡萝卜搭配。

4 用白萝卜、青萝卜、胡萝卜搭配雕刻各种神态的仙鹤。

5 雕刻祥云及红菜头挂坠。

6 如图组装。

小妙招

1. 雕刻古筝和两名仙女，定好作品主色调。
2. 把握作品中心，在组装作品时，充分考虑平衡。
3. 作品恰当留白，体现深度内涵。

设计 5 梦境

设计背景：

梦境是我们自行设计创作的传说故事。貂蝉小憩，进入梦乡，梦到吕布驰骋沙场打了胜仗，威风凛凛地骑着骏马归来。在梦中，吕布的坐骑由赤兔马变成了白马，与吕布身上披着的红披风形成了强烈对比。仆人们为了得胜归来的将军，奏起手中的乐器，欢快的歌声，伴随着最古老的吉祥鸟——仙鹤嘹亮动听的鸣叫声，构成了美丽的梦境，象征着梦者对感情的坚持和认真。

作品包括三个不同气度的人物，尤其是貂蝉和吕布，是人们耳熟能详的历史传奇人物，这对雕刻者要求极高，要刻画出人物的高富美，得胜时的强大气场，也需有胜利归来的载歌载舞。

作品大胆用色，红得发紫的“雉翎”，白马身上的马鞍，吕布身上的战袍，院墙边的红色小花朵，火红的太阳，配上南瓜雕人物、白色仙鹤、乳白色骏马，色彩鲜艳，吸引眼球。

制作材料：老南瓜，香芋，白萝卜，胡萝卜，心里美萝卜，青萝卜，红菜头。

刀具运用：片刀，平面刻刀，U 形戳刀，V 形戳刀，自制弯刀。

黏 合 剂：502 胶水。

其他辅助：透明亚克力板。

做法

1 采用硬实老南瓜雕刻貂蝉、吕布、持着腰鼓的仆人。注意三人身上不同的配件和面部表情。腰鼓采用红菜头雕刻。

2 用香芋雕刻白马，心里美萝卜雕刻马鞍。缰绳采用青萝卜雕刻，马头前额采用红菜头颜色装点。

3 雕刻各种神态的飞翔的仙鹤，用白萝卜雕刻身体，青萝卜雕刻翅膀，胡萝卜雕刻嘴部和脚爪。

4 用香芋雕刻围墙、桌子，配以胡萝卜。用青萝卜雕刻窗帘，配以心里美萝卜。用青萝卜雕刻底座。用青萝卜和心里美萝卜雕刻小花，亚克力板用青萝卜和心里美萝卜薄片包裹。

5 用红菜头雕刻太阳。用心里美萝卜、青萝卜、南瓜分别雕刻大小不一的祥云。

6 如图组装。

小妙招

1. 把握整体 C 字造型，定好作品主基调。
2. 大胆运用果蔬原料色彩，搭配巧妙。
3. 做梦的人，入梦的人，边上奏乐的人，恰如其分出现在合适的位置上。

设计 6 真假美猴王

设计背景：

童年记忆最深的电视剧是《西游记》。其中大闹天宫、真假美猴王这些经典故事看了一遍又一遍。在我们心中，一直驻扎着一位像孙悟空一样无所不能的英雄，真英雄是我们自己，而那个假英雄就是我们印在地上的影子。

作品中采用南瓜雕刻孙悟空身体，心里美萝卜雕刻披风，胡萝卜雕刻服饰，边上配以青萝卜、香芋、心里美萝卜的镶边。真假两位孙悟空姿势上有所区别，其他几乎一模一样。地面上是年龄不同的老中小三代猿猴，采用南瓜雕刻而成，对着半空中争吵的难以辨别的真假人王，显得一筹莫展。下面假山采用青萝卜、香芋雕刻，营造了花果山水帘洞的场景。

南瓜、胡萝卜、心里美萝卜雕刻的齐天大圣旗帜在半空中飘扬，让远远走来的来宾会心一笑。近前观看，发现孙悟空雕刻细致，身上穿的锁子黄金甲采用胡萝卜细致刻画出鳞片，脚上的步云履采用香芋，头上的凤翅紫金冠采用红菜头。还有树上的彩色仙桃、桌上倾斜的酒壶……精雕细刻，让人由衷发出赞叹。

2017 年，这件精心设计的创意作品获开元旅业集团果蔬雕刻比赛特等奖。

制作材料： 老南瓜，香芋，白萝卜，胡萝卜，心里美萝卜，青萝卜，红菜头。

刀具运用： 片刀，平面刻刀，U 形戳刀，V 形戳刀，自制弯刀。

黏 合 剂： 502 胶水。

其他辅助： 透明亚克力板，金箍棒。

做法

1 用硬实老南瓜雕刻孙悟空，胡萝卜、心里美萝卜、青萝卜、香芋、红菜头如图雕刻，进行搭配。

2 用老南瓜雕刻老中小三代猿猴。

3 用白萝卜雕刻各种神态的仙鹤，青萝卜雕刻翅膀，胡萝卜雕刻脚爪、嘴巴、各种飞翔姿势和造型。

4 用香芋雕刻亭子，边上用胡萝卜镶边点缀。

5 用青萝卜、香芋雕刻花果山水帘洞、小草。

6 用心里美萝卜、南瓜、胡萝卜雕刻齐天大圣旗帜。

7 用白萝卜、青萝卜、胡萝卜雕刻荷花。

8 将青萝卜和心里美萝卜切成薄片，紧贴亚克力板。

9 雕刻石桌、石椅、仙桃树、酒壶等。

10 如图组装。

小妙招

1. 注意真假孙悟空的异同点，定好人物色调。
2. 采用南瓜雕刻猿猴三代人，注意好年龄层次。
3. 作品营造的画面，恰当采用文字提示，起到事半功倍的效果。

齊天大聖

设计 7 天籁之音

设计背景：

天籁之音是以古典乐器琵琶作为背景，三名小孩分在不同角度，一位坐在空中弹奏琵琶，一位在琵琶背景的半腰部分吹笙，还有一位欢快地击打长鼓，三种乐器合奏出美妙的音乐，吸引了众多美丽的蝴蝶以及其他昆虫，围绕在传统弹拨乐器——琵琶四周翩翩起舞。

作品中背景琵琶采用亚克力板切割出琵琶雏形，青萝卜切出薄片拼接，边上镶上胡萝卜片，琴键采用白萝卜，上面调节部分采用青萝卜和心里美萝卜雕刻。三名小孩均采用南瓜雕刻，配以青萝卜飘带，以及不同色彩萝卜雕刻的乐器。四周的蝴蝶、昆虫采用心里美萝卜、青萝卜、胡萝卜雕刻，盘旋在裹着青萝卜皮的细钢丝上，轻舞飞扬，色彩艳丽。加上几朵祥云，一串串音符，香芋雕刻而成的底座，构成浑然一体的天籁之音。

作品色彩明亮，令人耳目一新，仿佛置身其中。

制作材料：老南瓜，白萝卜，胡萝卜，心里美萝卜，青萝卜，香芋。

刀具运用：片刀，平面刻刀，U 形戳刀，V 形戳刀。

黏 合 剂：502 胶水。

其他辅助：透明亚克力板。

做法

1 采用硬实老南瓜雕刻三名小孩，注意三名小孩的姿势和神态不同。

2 切拼青萝卜，雕刻大的背景琵琶。胡萝卜切片镶嵌在四周，雕刻琵琶上装饰品。雕刻小孩手中的小琵琶。

3 雕刻小孩手中的笙、长鼓。

4 采用各种萝卜雕刻各种颜色的蝴蝶、蝙蝠等动物。

5 采用青萝卜、心里美萝卜雕刻祥云，采用香芋雕刻底座。

6 采用青萝卜、胡萝卜、心里美萝卜雕刻各种音符，采用青萝卜雕刻小草。

7 将青萝卜切成薄片卷在细钢丝上。

8 如图组装。

小妙招

1. 作品重心稳，三名小孩所处的位置合理。
2. 巧妙运用亚克力板和细钢丝，让整件作品变得灵动。各种萝卜色彩搭配合理。
3. 作品构思后进行细致刻画，让人发现美、追求美、创造美。

设计8 孟母三迁

设计背景：

近年来，中西美食交流增多，中餐热菜采用西式装盘，点缀多采用果酱画、鲜花等抽象意境式装扮。大型果蔬雕刻多在美食节、行业技能竞赛以及各地职业教育周活动展示。

"孟母三迁"是根据历史真实故事，采用各种果蔬创意设计并参加市级职业教育周活动现场雕刻作品。采用了南瓜、香芋、青萝卜、胡萝卜、心里美萝卜组合雕刻，作品有南瓜雕刻的孟子、孟母、老翁，有香芋雕刻而成的马头墙、麒麟、板车、书本画卷等。故事围绕孟母为了给孟子创造一个良好的读书环境，请人协助搬家，在搬家时，还不忘记教育孟子读书写字的画面。通过雕刻技艺刻画出孟母为了使孩子拥有良好的教育环境，竭尽全力培养孩子的美好场景。

灰白的马头墙，暗红色的窗格，枝头挂出的花朵，醒目的人物，亭台小桥流水，作品色彩搭配巧妙，展现出当时的生活情景。

制作材料： 老南瓜，香芋，胡萝卜，心里美萝卜，青萝卜。

刀具运用： 片刀，平面刻刀，U形戳刀，V形戳刀，自制弯刀。

黏 合 剂： 502胶水。

其他辅助： 透明亚克力板。

做法

1 采用硬实老南瓜雕刻孟母、孟子、老翁，注意三名人物不同的姿势和神态。

2 用胡萝卜雕刻龙头，用香芋雕刻麒麟身体及四肢。

3 用香芋和胡萝卜制作马头墙，用心里美萝卜雕刻窗格，用青萝卜雕刻老树枝，用白萝卜和胡萝卜组合雕刻小花，用青萝卜雕刻边上竹子、小草。

4 用香芋雕刻板车，用胡萝卜雕刻葫芦、板车车把。

5 用胡萝卜雕刻宝塔，用南瓜和青萝卜搭配雕刻小桥，用香芋雕刻假山、凉亭。

6 雕刻荷花：用白萝卜制作花瓣，胡萝卜制作莲蓬，青萝卜制作荷叶。

7 用香芋和青萝卜制作底座。

8 如图组装。

小妙招

1. 三名人物采用南瓜雕刻，注意人物神态。
2. 背景作品大小和色彩衬托故事人物，与主体雕刻相得益彰。
3. 作品聚焦真实故事，在古朴中感受父母一片谆谆教诲之心。

设计 9 凿壁偷光

设计背景：

凿壁偷光是出自西汉匡衡苦学的故事。西汉大文学家匡衡幼时凿穿墙壁引邻舍之烛光读书，终成一代文学家。

将历史故事采用食雕形式呈现出来，再现匡衡读书刻苦的场景。在职业教育周展台展出，引导现代职教学子要迎难而上、克服困难、不断前行。

作品几乎全部采用香芋制作而成。没有明亮的色彩，没有华美的装饰，唯有面对贫穷生活的平和，日复一日埋头苦读的平静，在知识的海洋里汲取力量，寻找改变命运的诗和远方。

看似简单而又色彩单调的作品，却能引起观摩者内心的共鸣，树立榜样，激发斗志，为中华之崛起而读书！

制作材料： 香芋，青萝卜。

刀具运用： 片刀，平面刻刀，U 形戳刀，V 形戳刀。

黏 合 剂： 502 胶水。

做法

1 用香芋雕刻匡衡，采用坐姿，注意面部平静安详的神态。右手持书，左手自然下垂。

2 雕刻马头墙。

3 雕刻边上的凳子、书、笔筒和毛笔。

4 雕刻水桶、隔壁的水井、假山窗格。

5 雕刻底座，用青萝卜雕刻小草。

6 如图组装。

小妙招

1. 香芋雕刻完毕，可以采用细砂纸打磨光滑。
2. 雕刻完毕的成品，可以浸泡在 5% 醋水中。也可以采用湿巾纸包裹放在冰箱冷藏，这样可以保存 7 ~ 10 天。

设计10 阳明学堂

设计背景：

2018年，烹饪专业师生参加宁波市文明风采大赛。几经思考，选择了阳明学堂作为创作主题。王阳明，祖籍浙江余姚。阳明心学的标志是“致良知”，这对解放思想、勇于创新、强调实践有着巨大的意义。

作品采用南瓜雕刻王阳明先生以及两位弟子，香芋雕刻房屋、书桌、亭台，胡萝卜雕刻房檐，白萝卜和胡萝卜搭配雕刻荷花，青萝卜雕刻青翠欲滴的竹子、小草、底座、窗户上的飞龙，栩栩如生再现王阳明先生与弟子的治学情景。从而也体现了师生精湛的雕刻技艺。

该作品获得宁波市文明风采大赛一等奖，并制作成模拟食材雕刻作品参加全国文明风采大赛展演。

制作材料：老南瓜，香芋，白萝卜，胡萝卜，青萝卜。

刀具运用：片刀，平面刻刀，U形戳刀，V形戳刀，自制弯刀。

黏 合 剂：502胶水。

其他辅助：透明亚克力板，仿真花蕾。

做法

1 采用硬实老南瓜雕刻王阳明先生和两位弟子，王阳明先生是持书授课的姿态，一名弟子是书写的姿态，一名弟子是看书思考的姿态。

2 采用香芋雕刻后面房屋墙壁，房檐采用胡萝卜雕刻，窗户上的飞龙采用南瓜雕刻，青萝卜雕刻龙背鳍，书桌采用香芋雕刻。

3 用青萝卜雕刻青竹、竹叶。

4 用白萝卜和胡萝卜搭配零雕荷花花瓣，组装。

5 雕刻亭台、桥、小草。

6 雕刻各种点缀物。

7 如图组装。

小妙招

1. 三名人物采用南瓜雕刻，注意师徒三人的神态和姿态。
2. 注意人物和背景的搭配，色彩协调。
3. 作品呈现主题，体现雕刻技艺。

阳明学堂

设计11 花间雅客

设计背景：

一对栩栩如生的孔雀，环绕的鲜花，唯美的镜框中呈现了一副动感十足的孔雀嬉戏画面。精致的笔架，悬挂和摆放的毛笔，一旁的水仙花，这些静态的摆设，与镜框中的孔雀，一静一动，描述了书房中清雅、干净、高雅的意境。这也代表着新时代人们对品质生活、幸福生活的向往。

花间雅客，“花间”是指充满着各种花卉的房间；“雅客”是指一对温文尔雅的孔雀和两只可爱的喜鹊。作品采用南瓜雕刻孔雀和小鸟的主体部分，采用青萝卜、胡萝卜制作镜框，香芋制作花盘，心里美萝卜制作水仙花、牡丹花以及各种配件，青萝卜雕刻青翠欲滴的枝叶、小草、孔雀尾羽，镜框上垂吊的蝴蝶兰，隐喻了绿色、和谐的环境，师生精湛雕刻技艺得以展现。

制作材料： 老南瓜，胡萝卜，青萝卜，心里美萝卜，香芋。

刀具运用： 片刀，平面刻刀，U 形戳刀，V 形戳刀，自制弯刀。

黏 合 剂： 502 胶水。

其他辅助： 透明亚克力板。

做法

1 采用硬实老南瓜雕刻孔雀、小鸟、毛笔主体以及孔雀长长的羽毛。

2 采用青萝卜拼接镜框，雕刻枝叶等零部件，胡萝卜拼接镜框边沿，花盘及部分蝴蝶兰采用香芋雕刻，心里美萝卜雕刻牡丹花、水仙花、蝴蝶兰。

3 雕刻笔架、树枝、鹅卵石。

4 组装。

5 雕刻各种点缀物。

6 如图组装。

小妙招

1. 注意孔雀和花卉之间的空间关系。
2. 注意孔雀在镜框中的位置，色彩协调。
3. 作品呈现清雅的主题，体现雕刻技艺。

设计12 田园居舍

设计背景：

“田园居舍”源于陶渊明《归园田居》，是对返璞生活的追求和向往，更是对绿色、健康、原生态居住环境的坚持和追求。田园居舍，采用母子图，母亲手捧箩筛，箩筛中装有桑叶、蚕宝宝，一旁的孩子认真读书写字。母亲面带微笑地看着孩子，正准备把手中的箩筛放到一旁的蚕架上。香芋制作的马头墙，墙上一只小猫调皮的看向蚕宝宝，仿佛要乘主人不备，偷偷抓一只来。边上种植的绿色桑叶，显示出勃勃生机。表达了母亲不辞辛苦的勤劳态度和对孩子积极上进的学习态度的赞扬，是农家幸福生活的向往。

其中“田园”，采用蘑菇、绿色桑树、小草、老树根来展示；“居舍”是用香芋雕刻的马头墙，南瓜雕刻的母子俩，以及青萝卜雕刻的简易架子，南瓜和心里美萝卜雕刻的箩筛，南瓜雕刻俏皮的小猫，给画面带来勃勃生机。隐喻了美好、和谐的家庭环境。

制作材料：老南瓜，胡萝卜，青萝卜，心里美萝卜，香芋。

刀具运用：片刀，平面刻刀，U形戳刀，V形戳刀，自制弯刀。

黏 合 剂：502胶水。

其他辅助：透明亚克力板。

做法

1 采用硬实老南瓜雕刻母亲和小孩、树根、书桌以及箩筛主体。

2 采用青萝卜雕刻桑树、桑叶、架子、小草和台阶。

3 雕刻马头墙、小猫和其他零配件。

4 雕刻各种点缀物。

5 如图组装。

小妙招

1. 注意两位人物神态以及他们之间的空间关系。
2. 注意小猫的神态、所处的位置。
3. 作品色彩协调，呈现出一副幸福母子图。

任务二 模拟食材食品雕刻设计

20 世纪 90 年代，泡沫雕刻紧跟食品雕刻悄悄流行着。酒店菜肴展示区、美食节、厨艺交流节日，大型果蔬雕刻逐渐被大型泡沫雕刻替代。大型果蔬雕耗时耗材，常温下能够维持 1～2 天已经是极限。泡沫雕刻最大的优点就是存放时间长，重量轻，可以着色，价格实惠。当然，重量轻既是优点又是缺点，“轻”就容易搬动运输，也因为“轻”，泡沫雕不能放在有风的室外。

我们把密度较高的泡沫称为“模拟食材”。它可以营造酒店的美食氛围，达到聚集人气、提升效益、让客人流连忘返的目的。

采用模拟食材，可以根据主题进行设计雕刻。近些年，作者参加各级各类职业教育周、文明风采、省市美食节等活动，精心设计了聚焦时代热点、符合主题的一系列雕刻作品，获得过全国职业院校技术技能创新一等奖，多次获得全国文明风采大赛一等奖。

模拟食材雕刻，由小件到大件，由简单到复杂，做有品位的美食爱好者！

和谐

龙凤呈祥

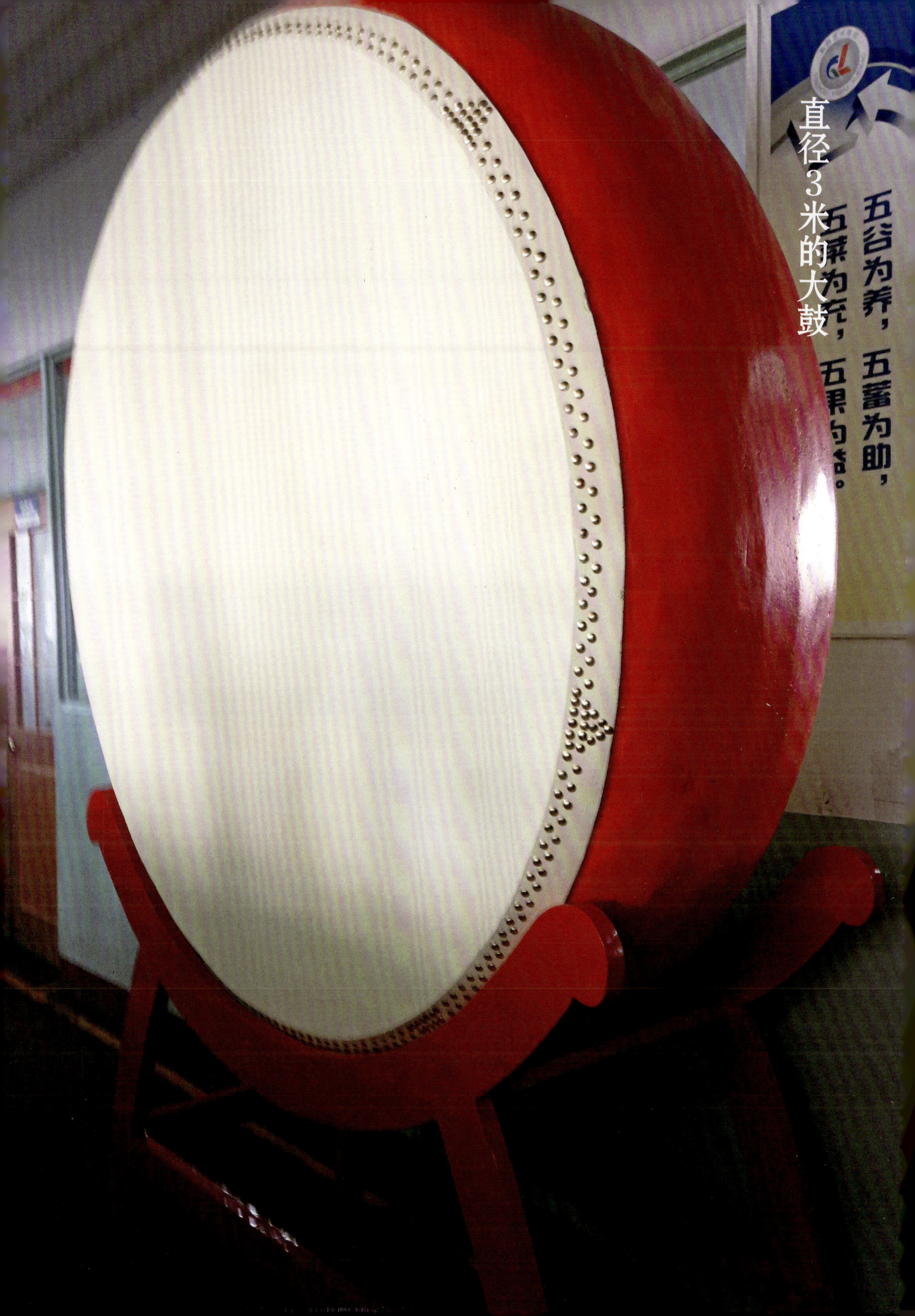

直径3米的大鼓

迎亲

海底世界

家和万事兴

设计1 峥嵘岁月赤子心

设计背景：

2021年是中国共产党成立100周年。为纪念那段艰苦的革命岁月，我们以长征为原型，构思设计了“峥嵘岁月赤子心”这件作品。长征是人类战争史上的奇迹，中国工农红军的长征是一部史无前例、雄伟壮丽的史诗。回望历史，从中华民族独立，到人民解放，再到国家富强，中国人民创造历史伟业一路向前。长征不但继承了民族精神，而且丰富和发展了民族精神，是中华民族发展壮大的强大精神支柱，也是在未来岁月里薪火相传、继往开来的巨大精神动力。那段峥嵘岁月值得铭记。作品以模拟食材——泡沫雕刻的形式，细节丰富、栩栩如生。表达了对红色精神的追寻、学习，表达了拳拳赤子心。

这件作品获得宁波市级文明风采大赛一等奖，浙江省级职业能力大赛一等奖，并选送参加全国文明风采展演。

制作材料：泡沫。

刀具运用：刻刀，U形戳刀，V形戳刀，胶枪。

黏 合 剂：胶棒。

做法

1 画图，雕刻五位不同姿势的红军战士。

2 雕刻旗帜、冲锋号。

3 雕刻假山、配件。

4 采用胶枪，通电熔化胶棒，如图组装。

小贴士 挑选质地相对细密的泡沫，多观察红军长征的图片、影片，在雕刻前大致勾勒轮廓，增加运刀的准确性。

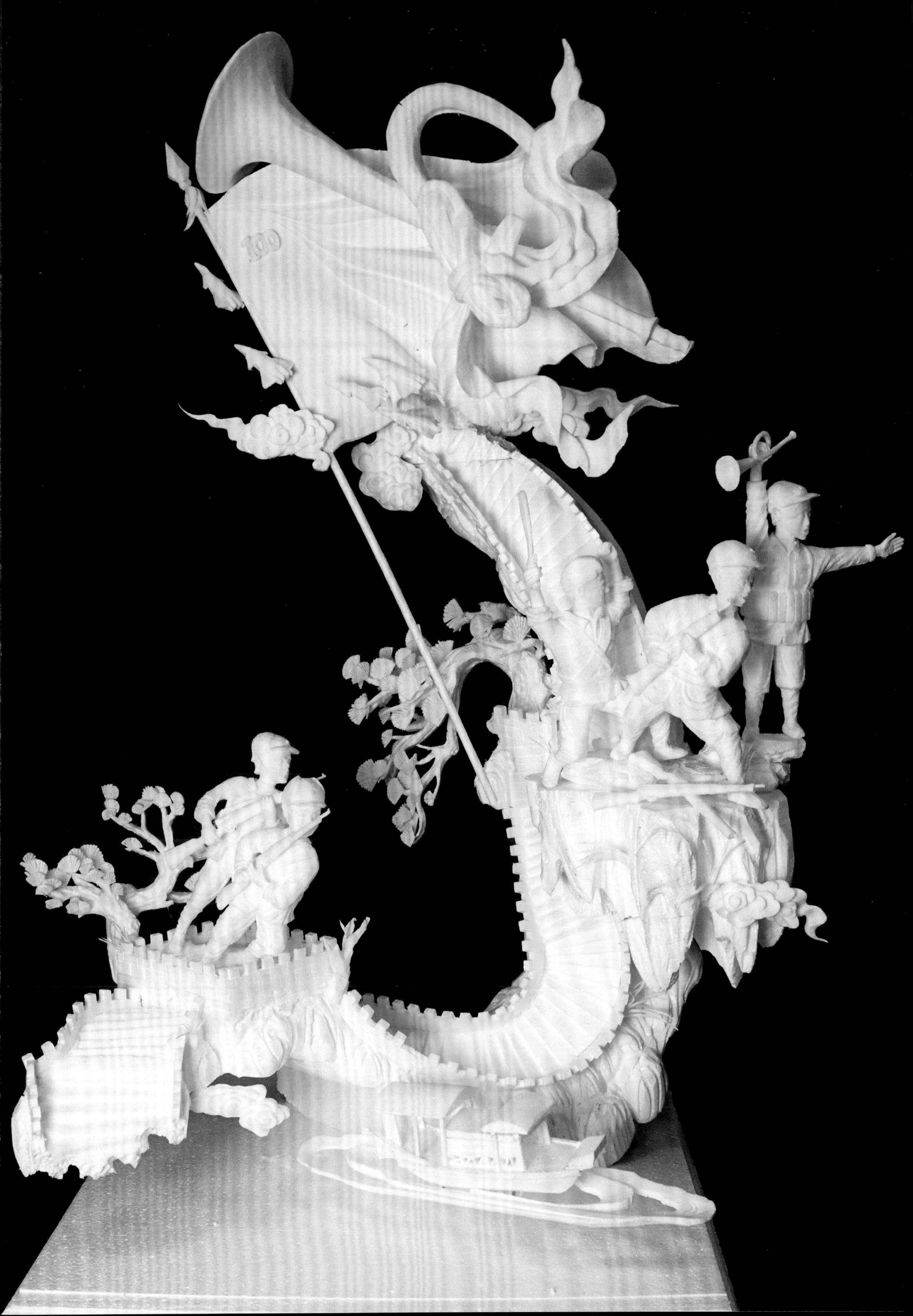
100

设计 2 中国抗疫图卷

设计背景：

在鲁迅先生笔下，有埋头苦干、拼命硬干、为民请命的人，被称作中国的脊梁。岁寒，然后知松柏之后凋也。在新型冠状病毒肺炎疫情席卷中国时，医护工作者作为中国的脊梁，撑起了一片天空，也用勇敢和温暖绘制了一幅中国抗疫图卷。他们中有相互鞠躬致谢的护士与孩子，有在困难中相互扶持的医生，有因治愈病人喜极而泣的护士，也有在疫情稳定后终于可以背靠背歇一口气的医生们。

有感于此，我们以刀为笔，将这些感人至深的画面呈现在雕塑中，致敬最勇敢的人，记录平凡中的伟大。作品中的中国如意结，代表着吉祥如意，扇子寓意“病毒散去”。本作品将泡沫雕技艺与社会热点相结合，用电影飘带的元素记录新型冠状病毒肺炎疫情下特殊的四个镜头，浓缩成一幅精致的中国抗疫图卷。

2020 年，这件作品获得宁波市文明风采大赛一等奖，浙江省职业能力大赛一等奖，并选送参加全国文明风采展演（全国文明风采活动只展演各地职教成果，不再设立奖项）。

制作材料：泡沫。

刀具运用：刻刀，U 形戳刀，V 形戳刀，胶枪。

黏 合 剂：胶棒。

做法

1 画图，雕刻十位不同姿势的抗疫中的英雄。

2 雕刻中国如意结、扇子和旗帜。

3 雕刻假山，类似老影片胶卷。雕刻其他配件。

4 采用胶枪，通电熔化胶棒，如图组装。

小贴士 挑选质地相对细密的泡沫，观察抗疫医护人员的图片、影片，在雕刻前大致勾勒轮廓，增加运刀的准确性。

100.
平安

设计 3 匠心独运

设计背景：

木匠是一种古老的行业。以木头为材料，伸展绳墨，用笔画线，刨刀、锯刀配合使用，制作各种家具或者工艺品。木工是我国传统的手工工艺。

2017 年，国家大力提倡工匠精神。由此触动设计灵感，以木匠为雕刻对象，年长的木匠正在雕刻着龙，一旁的孩子目不转睛地注视着爷爷的每一个动作。孩子那明亮的眼睛里透露出好奇和专注。充分展示了雕刻世家技艺代代相传、精益求精、专注于雕刻技艺的匠心精神。该作品构思巧妙，立意新颖。雕工精湛，栩栩如生，体现了高超的技艺，贴近时代的主旋律。

作品从构思、画草图、雕刻、打磨、组装花了将近一个月时间精雕细琢而成。整件作品表达了强烈的民族自豪感和敬业精神。

制作材料：泡沫。

刀具运用：刻刀，U 形戳刀，V 形戳刀，胶枪，电热丝。

黏 合 剂：胶棒。

打　　磨：粗砂纸，细砂纸。

做法

1　画图，雕刻人物，一位是年长的爷爷；一位是年幼的孩子。

2　雕刻传统吉祥物——龙。

3　雕刻后面马头墙、竹子、藤蔓等，雕刻爷爷手中的工具。

4　采用胶枪，通电熔化胶棒，如图组装。

小贴士

1. 两个人物年龄差别较大，要注意脸部雕刻细节、衣服以及身材比例。
2. 在雕刻前需要绘制总体设计图，然后再动手单件刻画。
3. 平整墙体，需要采用电热丝整体切割，确保墙体线条流畅。
4. 人物脸部采用细砂纸打磨，桌面、墙体四周采用粗砂纸打磨。

工匠世家

设计 4 夏日戏荷

设计背景：

2015 年 6 月，全国职业院校技能大赛技术技能创新比赛在天津国际会展中心举行。来自全国三十多个省市地区的千件师生创新作品齐聚一堂，宁波馆、天津馆、上海馆……各地职业教育将最好的师生设计作品展示出来，参加本次赛事。

“夏日戏荷”是我们根据同名果蔬雕刻灵感精心制作的模拟食材雕刻艺术作品。炎炎夏日，儿童尽情在荷塘中嬉戏，近处，丰硕的莲蓬，翠绿的荷叶，粉嫩的荷花；远处，轻雾缭绕，缠缠绵绵，若隐若现的山云，飞翔的鸟儿，飘飘起飞的仙鹤，好似天上的美景，一片祥和。“此景只应天上有，人间难得几回逢”。

该作品采用纯白色泡沫雕塑，高度约 1 人高，底托采用黑色亚克力板，里面放入泡沫雕刻而成的荷花、鸳鸯，在雾气笼罩下，采用蓝色灯光衬托，展现作品精湛技艺。

这件作品获得 2015 年全国职业院校技能大赛技术技能创新交流赛一等奖。

制作材料： 泡沫。

刀具运用： 刻刀，U 形戳刀，V 形戳刀，胶枪，电热丝。

黏 合 剂： 胶棒。

打　　磨： 粗砂纸，细砂纸。

做法

1 画图，雕刻三位儿童，一位仰身手持竹竿嬉戏；一位侧身手持竹竿站姿；一位是坐姿。

2 雕刻仙鹤、展翅的鸟儿、水中的鸳鸯。

3 雕刻大小不一的荷花。雕刻荷叶和莲蓬。

4 雕刻椭圆形镜框。

5 采用胶枪，通电熔化胶棒，如图组装。

小贴士

1. 三位儿童采用不同神态和姿势，要注意身体部分雕刻细节及比例。
2. 人物、仙鹤等采用细砂纸打磨，镜框、荷花花瓣采用粗砂纸打磨。

设计 5 龙腾盛世

设计背景：

龙是中华民族的图腾，为祝愿伟大祖国繁荣昌盛、经济腾飞、国家富强，体现学校烹饪专业师生专业技艺，创作了这件作品。该作品既展示了精湛的雕刻技艺，又表达了强烈的民族自豪感和爱国情怀。

“龙腾盛世”由废弃的工业颗粒泡沫雕刻而成，具有刀工精细、造型美观、形象逼真等特点。通过雕刻、打磨、组装等环节，用了近 2 个月时间制作完成。

作品可以作为企业、酒店等单位的装饰。

作品获得 2011 年全国中等职业学校“文明风采”大赛一等奖。

制作材料： 泡沫。

刀具运用： 刻刀，U 形戳刀，V 形戳刀，胶枪，电热丝。

黏 合 剂： 胶棒。

打　　磨： 粗砂纸，细砂纸。

做法

1 画图，雕刻龙头和龙的身体。

2 雕刻祥云、玉珠等配件。

3 雕刻中间圆柱、底座。

4 采用胶枪，通电熔化胶棒，如图组装。

小贴士

1. 要把握龙头与身体的比例，要注意龙头的细节刻画。
2. 中间圆柱的高度与龙的身体成一定比例。
3. 底座上连接各个柱子的锁链要细致刻画打磨。
4. 龙爪采用细砂纸打磨，底座采用粗砂纸打磨。

设计 6 敦煌飞舞

设计背景：

2013 年，有幸与同事们一起到敦煌莫高窟，亲眼见识到“世界文化遗产”。在以亿万光年计的宇宙世界，人类都曾经努力留下一个又一个神话传奇。

在我们每个人心中可能都隐藏着一个飞天之梦。因此，这一年的文明风采雕塑题材采用了脑海中印象深刻的飞天，取名“敦煌飞舞”。圆形背景作为中心，两位仙女一位站立敲着腰鼓；一位由上而下反弹琵琶而来，边上仙鹤翩翩起舞，腾空在祥云上，好似合着弹奏的乐器声引吭高歌。

作品采用洁白泡沫雕塑，高度约 2 米。

制作材料：泡沫。

刀具运用：刻刀，U 形戳刀，V 形戳刀，胶枪，电热丝。

黏 合 剂：胶棒。

打　　磨：粗砂纸，细砂纸。

做法

1 画图，雕刻两位身材修长的仙女，一位微微低头侧身而站；一位由上而下飞舞反弹琵琶。

2 雕刻后面圆盘衬托。

3 雕刻各种形态的仙鹤。

4 雕刻其他配件。

5 采用胶枪，通电熔化胶棒，如图组装。

6 采用细砂纸打磨人物，粗砂纸打磨后面圆盘和衬底。

小贴士

1. 注意刻画两位仙女的神态和姿势，要把握身体部分雕刻细节及比例。
2. 注意刻画仙鹤的千姿百态。
3. 注意人物和圆盘衬托之间的比例。

设计 7 祥麟踏云

设计背景：

全国中等职业学校“文明风采”活动以竞赛形式，体现中等职业学校活动育人、实践育人、文化育人，是在中等职业学校开展的以培育和践行社会主义核心价值观为根本目的，展示中职学生良好精神风貌的一项德育活动。

“祥麟踏云”是2012年我们精心设计制作的雕刻作品，因活动限定雕塑作品不得高于1米，我们把果蔬雕刻中的麒麟，尝试着采用泡沫雕刻，经过无数次的试验后，终于成功。

麒麟，龙头马身，昂扬的头部，健康有力的身体，好似年轻的我们，充满着斗志和生活的激情。

制作材料： 泡沫。

刀具运用： 刻刀，U形戳刀，V形戳刀，胶枪，电热丝。

黏 合 剂： 胶棒。

做法

1 画图，雕刻龙头和麒麟身体。注意身体和头部的比例。

2 雕刻祥云、如意、扇子、火球等各种配件。

3 雕刻底座。

4 采用胶枪，通电熔化胶棒，如图组装。

小贴士

1. 注意刻画麒麟龙头马身的神态和姿势，要把握龙头和身体的自然衔接。
2. 注意刻画配件，以衬托麒麟的雄姿英发。

设计 8 映日荷花别样红

设计背景：

2018 年浙江省美食厨艺节，我们制作了以“荷”为主题的宴席菜点。在布置宴席展台时，需要雕刻一件大型主题作品来凸显菜肴档次和主题。千姿百态的荷花，小童戏鱼，母亲一边划着轻快的小船；一边深吸荷花的清香，追逐小船的鲤鱼，胖胖的莲藕，营造出祖国繁荣昌盛，人民幸福安康，与时俱进民生跃，民富国强小康到的场景。

作品采用洁白泡沫雕塑，高度约 2 米。在美食厨艺节展出，吸引省内同行纷纷驻足观赏。最终整件宴席产品得到省内同行专家好评，获得团体金奖。

制作材料：泡沫。

刀具运用：刻刀，U 形戳刀，V 形戳刀，胶枪，电热丝。

黏 合 剂：胶棒。

打　　磨：粗砂纸，细砂纸。

做法

1 画图，雕刻母亲和小童，母亲侧身而坐，刻画脸部、头部和衣服的细节，刻画小童的喜悦神态。

2 雕刻荷花、花苞、荷叶、莲藕。

3 采用电热丝雕刻小船、船桨。

4 雕刻鲤鱼、水浪。

5 采用胶枪，通电熔化胶棒，如图组装。

6 采用细砂纸打磨人物，粗砂纸打磨小船。

小贴士

1. 雕刻母子神态和姿势，要注意身体部分雕刻细节及比例。
2. 注意刻画荷花的千姿百态。
3. 注意人物和小船的比例。

设计 9 田螺姑娘

设计背景：

每年的 9—10 月，禁渔期间休养生息的鱼虾贝类生长得比较成熟了，适合捕捞收获，此时，宁波都会如期举行“中国开渔节”。开渔节是中国沿海地区为了节约渔业资源，同时也是为了促进当地旅游业的发展而举行的一种美食与文化一体的节日庆典活动。

阔别三个月的东海“虾兵蟹将”游向美丽的田螺姑娘，在可爱的海洋食材面前，姑娘拿出喜爱的乐器，准备吹奏一首，感恩大自然赋予的能量，感恩禁渔期带来的愉悦。作品“田螺姑娘”是为当地钱湖悦庄酒店参加开渔节美食展而设计的雕塑作品，作品营造出人与自然和谐共存、幸福生活的美好场景。

作品采用洁白泡沫雕塑，高度约 2 米。采用粗铁丝固定飞舞在半空的田螺姑娘，下面为各种鱼虾贝类，人物周围还有飞鱼环绕，作品在开渔节亮相，吸引众多美食爱好者驻足观赏。

制作材料：泡沫。

刀具运用：刻刀，U 形戳刀，V 形戳刀，胶枪，电热丝。

黏 合 剂：胶棒。

打　　磨：细砂纸。

做法

1 雕刻田螺姑娘，注意身体部分衣着和飘带方向。

2 刻画鱼虾贝类，刻画珊瑚礁，刻画飞鱼，刻画手持田螺以及腰间葫芦。

3 刻画底座。包裹住铁块和铁丝，为组装固定做好准备。

4 采用细砂纸打磨人物。

5 采用胶枪，通电熔化胶棒，如图组装。

小贴士

1. 注意田螺姑娘的面部表情，注意身体和头部比例。
2. 刻画的鱼虾贝类主次分明，大小不一。
3. 注意底座的稳定性。

设计10 紫气东来

设计背景：

“紫气东来”是我们精心设计的模拟食材雕刻作品。宁波靠近东海，牛是中国自古以来人民耕地、负重的帮手，亲近人类和土地，牛的性格温和、踏实肯干。作品中骑在牛背上的老人泛指具有智慧的广大人民群众。在东海之滨骑着青牛，撸起袖子加油干，继续向着美好生活进发。这也是时代赋予我们这一代人的使命，更是我们一起向未来做出的承诺。

作品采用洁白泡沫雕塑，高度约2米，中心部分采用亚克力板焊接支撑牛和老人的重量。牛的稳健，老人的悠闲自得，祥云、仙鹤，营造出“紫气东来，瑶池西望，翩翩青鸟庭前降”的吉祥喜兆。

制作材料：泡沫。

刀具运用：刻刀，U形戳刀，V形戳刀，胶枪，电热丝。

黏 合 剂：胶棒。

打　　磨：细砂纸。

做法

1 雕刻老人，注意长寿眉、胡须等细节。

2 刻画青牛，注意头部、身体、四肢的比例。

3 刻画仙鹤、祥云、葫芦、底座等。

4 采用细砂纸打磨人物、青牛。

5 采用胶枪，通电熔化胶棒，如图组装。

小贴士

1. 注意老人的长寿眉、胡须及面部表情。
2. 注意刻画牛的神态，四肢与身体比例合理。
3. 注意其他配件的协调性。

设计11 梅花鹿

设计背景：

“梅花鹿”是作者为小虎帕蒂（Pretty Tiger）童装2015年秋冬装新品发布会精心设计制作的泡沫雕刻艺术作品。小虎帕蒂是我国香港帅帅虎集团旗下的高档童装品牌，其服装设计风格是经典英伦校园风格。2015年秋冬装新品发布会的主题是“自然、舒适、环保”，因此负责此次发布会的广告设计公司邀请学校精艺达雕刻艺术作品工作室为他们量身定做了形态各异的12只梅花鹿。这些梅花鹿装点会场各处，烘托发布会的温馨亲情气氛。

制作材料：泡沫。

刀具运用：刻刀，U形戳刀，V形戳刀，胶枪，电热丝。

黏 合 剂：胶棒。

打　　磨：细砂纸。

染 色 剂：各种颜料。

做法

1 画图，雕刻形态各异的梅花鹿，有坐姿、有站姿。

2 采用细砂纸打磨梅花鹿。

3 采用胶枪，通电熔化胶棒，如图组装。

4 根据舞台灯光及发布服饰，给梅花鹿着色。

小贴士

1. 关注梅花鹿的不同神态和姿势，要注意身体和腿部的比例。
2. 着色需要与发布的服装主色调协调，与舞台灯光协调。

设计12 持荷童子

设计背景：

持荷童子自宋代起就非常流行，有玉雕、石雕等。采用模拟食材——泡沫雕刻荷花和童子的造型有很多，这件作品精心设计了两位童子分别手持荷花、如意，边上紧靠盛开的荷花，象征吉祥如意的玉如意以及象征团结与友谊的芭蕉扇，有祥瑞安康、幸福健康的寓意。营造出欣欣向荣、生机盎然、快乐美满的现代美好生活场景。

作品采用高密度洁白泡沫雕塑，两位童子一站一坐，和谐相处，荷花、荷叶的精细刻画，带有弧度栩栩如生的芭蕉扇，彰显雕刻者精雕细琢，精湛技艺。

制作材料：泡沫。

刀具运用：刻刀，U形戳刀，V形戳刀，胶枪，电热丝。

黏 合 剂：胶棒。

打　　磨：细砂纸。

做法

1 雕刻金童玉女，注意两名童子的神态、站姿和坐姿细节。

2 雕刻荷花、花苞、荷叶、花盆。

3 刻画芭蕉扇、玉如意、坐台、圆凳等配件。

4 采用细砂纸打磨人物、花盆、圆凳。

5 采用胶枪，通电熔化胶棒，如图组装。

小贴士

1. 注意两名童子之间的互动。
2. 注意人物和配件搭配合理。
3. 注意组装空间的协调性。